输变电设备健康诊断与故障预警

程宏波　辛建波◎著

西南交通大学出版社
·成　都·

图书在版编目（CIP）数据

输变电设备健康诊断与故障预警 / 程宏波，辛建波著. —成都：西南交通大学出版社，2020.12

ISBN 978-7-5643-7853-0

Ⅰ. ①输… Ⅱ. ①程… ②辛 Ⅲ. ①变电所 – 电气设备 – 故障检测 Ⅳ. ①TM63

中国版本图书馆 CIP 数据核字（2020）第 245168 号

Shubiandian Shebei Jiankang Zhenduan yu Guzhang Yujing

输变电设备健康诊断与故障预警

程宏波　辛建波　著

责任编辑	黄庆斌
封面设计	何东琳设计工作室
出版发行	西南交通大学出版社 （四川省成都市金牛区二环路北一段 111 号 西南交通大学创新大厦 21 楼）
发行部电话	028-87600564　028-87600533
邮政编码	610031
网　　址	http://www.xnjdcbs.com
印　　刷	成都蜀通印务有限责任公司
成品尺寸	170 mm × 230 mm
印　　张	11.5
字　　数	170 千
版　　次	2020 年 12 月第 1 版
印　　次	2020 年 12 月第 1 次
书　　号	ISBN 978-7-5643-7853-0
定　　价	88.00 元

图书如有印装质量问题　本社负责退换

前言

Foreword

为保证智能电网安全稳定和提高电网设备管理效益，电网设施的健康管理水平也需要加强和提升。本书内容针对输变电设备状态检测的有效方法和传感技术、状态评估技术、信息技术以及通信支撑技术等先进技术开展研究和工程应用，全面提升设备智能化水平，推广应用智能设备和技术，实现电网安全在线预警和设备智能化监控。

随着智能电网建设的不断深入和推进，输变电设备的状态监测手段越来越多，获得的信息也越来越全面。目前，输变电设备的状态数据大多相互独立地分散在各个不同的系统中，数据之间相互隔绝，导致对这些数据的管理烦琐、工作量大，数据中蕴含的信息不能得到充分有效的利用。随着时间的推移，这些数据的量将呈指数级增长。从这些海量的状态数据中提取有效的信息，实现对输变电设备运行维护的有益指导是充分发挥智能电网优势的一种有效途径。

本书围绕输变电设备全寿命周期的健康管理，从统一数据平台的搭建、状态数据的自动获取、多维状态数据的特征压缩与提取、设备状态的多元统计评价以及状态参数的纵向预测等方面进行介绍，在对输变电设备状态数据综合管理的基础上，实现对状态数据的综合利用，以及对输变电设备运行状态的全过程管理。本书主要内容如下：

统一的数据管理平台是实现输变电设备健康管理的基础。输变电设备相关的状态数据涉及面广，包含内容多，结构复杂。第 2 章基于 HADOOP 提供的分布式数据存储功能进行数据统计与计算过程的管理，分析了搭建输变电设备健康管理统一数据平台的系统方案。

输变电设备状态数据的准确获取是实现设备状态精确管理的保证。第 3 章研究了输变电设备状态数据的自动获取方法，研究并开发了利用 WiFi SD 卡和蓝牙 U 盘实现常用检测终端测试数据自动上传的方法及装置。

多维状态数据的特征压缩与提取是实现状态数据利用的前提。输变电设备的状态监测数据量大、来源多，可能有多个变量能对同一状态特征进行描述，部分状态属性之间存在着冗余。第 4 章利用主成分分析、因果关联分析、属性约简等手段分析多维状态数据之间的关联关系，在此基础上提取最能反映设备状态的关键指标参量，删除无用、重复的状态指标，从而有效地降低设备状态分析的难度，提高监测数据处理效率。

准确的状态判断是实现健康管理的关键。为充分发挥多维状态数据的作用，第 5 章提出利用多元统计控制图对输变电设备的状态进行评判，分析了多元 T2 控制图、多元累积和控制图以及多元指数加权滑动平均控制图 3 种典型多元统计控制图用于输变电设备状态评判的构建方法，对比了不同控制图对设备状态变化波动检出能力的区别，开发了相应的多元统计控制评判软件。该方法可将多元监测数据转化成一个统计指标，以直观的形式表示出来，不仅能发现输变电设备运行过程中状态参数均值向量的波动情况，还能反映多元参数之间协方差的变动情况，提高了识别的灵敏度。

状态参数的预测可为预防性检修提供参考。输变电设备的历史状态数据蕴含着设备状态变化的规律，反映了设备状态发展的趋势。第6章利用灰色模型、指数加权移动平均模型以及 Logistic 模型对历史数据反映的设备状态的发展过程和规律性进行延伸，对设备未来的发展趋势进行预测，对设备中潜伏的早期故障进行判断，从而为预防性检修提供依据。

在研究方案及方法的基础上，本书在最后实现了国网某省公司输变电设备健康诊断与故障预警统一数据平台搭建，完成了对输变电设备状态数据的统一管理和综合分析，以及对输变电设备状态的多元综合评价及缺陷与故障的智能诊断。项目的实施有利于提高输变电设备状态管理的水平，减轻运营维护的压力。

本书是对相关研究工作的系统总结，希望本书内容能对相关领域的教学、科研工作提供一些参考，对我国智能电网的建设和发展起到一定的推动作用。

本书的编写得到了郭创新、娄贤嗣、康琛、曾晗、裘德新的大力支持。另外，作者在编写的过程中也参考了大量专家和学者的著作及论文，在此向他们表示诚挚的谢意。

由于新技术的快速发展，加之作者水平有限，书中疏漏与不足之处在所难免，恳请专家和读者对书稿中的不当之处不吝赐教。

作　者

2020年7月

目录

Contents

第1章

引　言

1.1　我国电网发展现状、存在的问题及研究的意义

随着电网建设规模的不断扩大，输变电设备逐渐增多，对电网运营维护的压力也日渐增大。以国网某省公司为例，根据“十三五”规划，2016—2020年，该公司新增110千伏及以上线路37.2万千米、变电容量24.4亿千伏安，新增35千伏及以下配电线路41.26万千米、变电容量2.91亿千伏安，均保持中高速增长态势。电网规模的爆发式增长，将给输变电设备的检修维护模式带来巨大挑战，现行的人工检修及故障后处理方式将使运维人员面临巨大的工作压力。

随着智能电网建设的不断深入和推进，输变电设备的状态监测手段越来越多，获得的信息也越来越全面。从出厂时的设备初始数据，到运行时的在线监测数据，从对设备进行各种试验时的试验数据，到设备运行过程中的各种故障及缺陷记录数据，这些数据从多个方面较为全面地记录了设备在各个不同时期的真实运行状态。如截至2016年5月，某省公司电网已有输变电设备状态监测装置667套，其中：

（1）输电在线监测装置116套，包含微气象31套、导线温度10套、覆冰19套、视频9套、图像27套、微风振动8套、导线舞动3套、现场污秽度5套等，分布于23回线路中。输电在线监测装置涵括导线温度、覆冰、风偏、舞动、杆塔倾斜、微气象、微风振动、现场污秽、视频、图像10种监测类型。

（2）变电在线监测装置551套，包含油中溶解气体66套、铁芯接地电流20套、微水13套、顶层油温2套、变压器局部放电6套、分合闸线圈电流波形7套、SF_6（六氟化硫）气体压力14套、SF6气体水分14套、储能电机工作状态7套、绝缘384套、视频18套等，分布于48座变电站。变电在线监测装置涵括油中溶解气体、微水、铁芯接地电流、GIS（封闭式气体绝缘组合电器）局部放电、电容型设备绝缘、避雷器绝缘监测、储能电机工作状态、分合闸线圈电流波形、变电视频等9种监测类型。

除此以外，还有反映输变电设备运行环境的地理信息系统（GIS），国网某省公司气象信息监测系统，以及反映输变电设备使用和维护情况的产生管理系统（PMS）等。

目前，这些数据独立地分散在各个不同的系统里，各种监测数据仍以孤立状态存在，某种特定数据只能在某一指定系统下进行应用，导致对这些数据的管理烦琐、工作量大，数据中蕴含的信息未能得到充分有效的利用。随着时间的推移，这些数据的量将呈指数级增长。如何从这些海量的数据中提取有效的信息，实现对输变电设备运行维护的有益指导是充分发挥智能电网优势的一种有效手段。

输变电设备的监测数据全方位、多角度地反映了设备的运行状态，合理有效利用这些信息对设备状态进行评价，将使评价结果更为准确、全面。同时，大数据背景下积累的历史数据越多，对设备状态的把握就越加全面，未来状态的不确定性也就越低。因此，通过充分挖掘智能电网海量监测数据中所蕴含的有用信息，可以实现对电网输变电设备健康状态的准确评估，为设备的状态检修提供依据；通过分析设备状态与服役时间、服役环境之间的关联关系，可以找出影响输变电设备健康状态的因素，提出相应的处理建议；通过分析设备历史数据所体现出的发展规律，对设备未来的健康状态进行预测，可以在故障发生之前提早进行处理，减少甚至避免故障的发生，避免因故障而带来的损失。

基于以上考虑，项目提出建立面向大数据的输变电设备健康诊断与故障预警云服务平台，实现对现有生产管理系统（PMS）、状态监测系统、能量管理系统（EMS）、气象信息系统、地理信息系统（GIS）等与输变电设备相关的多源跨平台数据的综合集成和统一管理，在此基础上构建“状态监测—健康评估—趋势预测—故障预警”多级工作模式的输变电设备状态管理模式。本书主要研究对设备多源、分布和异构状态数据的统一管理方法，研究多维状态数据的特征压缩和提取方法，研究输变电设备健康状态的综合评价及图形化显示方法，研究输变电设备的趋势预测方法，以求充分发挥全景状态信息大数据的优势，构建输变电设备健康管理及故障预警体系。这对电网具有以下重要作用：

（1）实现输变电设备相关状态数据的统一综合利用。通过构建全景状态信息的一体化监控平台，将与输变电设备状态相关的所有信息进行集中综合分析，使对设备的管理从孤立分散转为集中协同，从单项监控转为全局可观，从过程管理转为全寿命周期管理。

（2）通过对设备健康状态的感知，实现对设备故障的预警，并提前检修，从而减小设备故障引起的风险；通过对设备状态的准确判断，实现真正的状态检修，从而减少维修次数，缩短维修时间。这些举措使设备的管理更加精细，并由传统的事后响应转化为主动预防，提高设备完好率和利用率。

（3）通过对设备状态信息、故障信息、维修信息及运行条件的挖掘，分析影响设备状态的关联因素，为有针对性地采取预防措施提供依据；利用统计信息挖掘故障模式与故障特征之间的关联关系，提取新的故障征兆集，提升故障诊断的正确率。

（4）充分发挥“互联网”+与“电网大数据”的作用，将大数据带来的巨大存储压力转化为有用的经济效益。

1.2 国内外研究现状

目前，电力系统中的大数据研究主要围绕着存储、处理和挖掘三个方面来展开[1]。一是大数据的存储和压缩方法的研究，主要解决海量数据需要巨大存储空间的问题[2,3]；二是大数据的处理方法研究，主要解决海量数据的快速处理问题[4]；三是大数据的挖掘问题，主要研究怎么从大量中的数据中发现新知识、创造新价值的问题。数据的压缩存储与并行处理和计算机技术紧密相关，本项目重点关注的是电力系统中输变电设备状态监测数据的挖掘利用问题。

自 2012 年以来，国内外大学、科研机构和电力公司均开展了智能电网大数据的研究和工程应用。在国外，IBM 和 C3-Energy 公司开发了针对智能电网的大数据分析系统[5]，Oracle 公司提出了智能电网大数据公共数据模型[6]，美国电科院等研究机构启动了智能电网大数据研究项目[7]，美国的太平洋燃气电力公司、加拿大的 BC Hydro 等电力公司基于用户用电数据开展了大数据技术应用研究。在国内，中国电机工程学会于 2013 年发布了《中国电力大数据发展白皮书》，国家高技术研究发展计划（863 计划）2015 年度项目申报指南在先进能源技术领域成立了 3 个项目，支持智能电网大数据的研究[8]。自 2012 年以来，国家电网有限公司启动了多项智能电网大数据研究项目。2013 年，国家电网有限公司建立了“一库三中心”，即统一数据资源库、统计发布中心、数理分析中心、辅助决策中心。统一资源库负责收集、提供资源数据；“三中心”分别用来应用/提供统计数据、分析数据和决策数据[9]。江苏省电力公司于 2013 年初率先开始建设营销大数据智能分析系统，开展了基于大数据的客户服务新模式应用开发研究；山西省电力公司开展配网营运大数据挖掘，通过挖掘供电能力、运行效率、线损的影响因素，预判未来趋势，为规划设计及运行检修提供辅助支持；北京等电力公司也正在积极推进营配数据一体化基础上的智能电网大数据应用研究。

上述情况表明，各电网公司在智能电网大数据的应用方面存在着较为急切的需求，然而目前关于大数据应用的具体方法却相对较为缺乏，相关的研究目前还多集中于对大数据总体重要性的分析上。文献[10]分析了发电、供电以及用电各个环节中大数据的产生来源和特点，从大数据存储、实时数据处理、异构多数据源融合以及大数据可视化 4 个方面论述了智能电网大数据带来的机遇和挑战。文献[11]在分析大数据、云计算、智能电网三者关系的基础上，给出具有通用性的电力大数据平台总体架构，并从电力大数据的集成管理技术、数据分析技术、数据处理技术、数据展现技术 4 个方面深入探讨符合电力企业发展需求的大数据关键技术的选择。文献[12]则在分析智能配电网大数据现状和特征以及梳理数据关系网的基础上，阐述了大数据在智能配电网中应用所涉及的大数据存储与处理以及大数据解析等关键技术，分析了大数据在智能配电网中的应用前景，提出了应用路线图。文献[13]则结合主动配电网在能量优化调度、状态分析评估、保护控制及需求侧管理方面的应用需求，对大数据技术可能的应用场景做了展望。上述文献为我们描绘了智能电网大数据应用的美好前景，为我们利用开发大数据指明了研究方向。

文献[14]、[15]针对大数据时代下电网数据体量大、类型多、速度快的特点，搭建了基于云计算的数据处理平台，而文献[16]则在此基础上提出一种基于云计算技术的电力大数据预处理属性约简方法，为大数据的应用提供基础。文献[17]则将智能电表、SCADA（数据采集与监视控制）系统和各种传感器中采集的数据整合，并利用并行化计算模型 MapReduce 与内存并行化计算框架 Spark 对电力用户侧的大数据进行分析，提出基于随机森林算法的并行负荷预测方法。文献[18]通过对国家电网公司库存物资动态特征历史数据进行挖掘，提出基于支持向量机-稀疏贝叶斯学习方法的物资需求概率预测模型。文献[19]采用聚类分析法对电能质量监测中心的所有海量数据进行了分析，通过选取不同的电能质量指标组合作为聚类变量，开展了大量的聚类分析工作，最终确定了 4 类有效的电能质量指标组合进行聚类分析。文献[20]以相关性分析和信息聚合为主要手段，实现对电力变压器运行状态的评估与决策，该研究具有很好的参考意义，但该文只利用了关联分析一种方法分析了变压器一种设备，而输变电设备的种类众多，特性各异，大数据蕴藏的价值也包含多个方面，更多合适的方法尚有待进一步深入的研究。

目前对电网中输变电设备监测数据的利用存在着以下问题：

（1）数据管理比较分散。设备的出厂试验数据、在线监测数据、试验检测数据、缺陷和故障记录数据等自成系统，相互隔绝。

（2）数据利用比较单一。目前在线监测系统一般根据某单一监测量是否超过阈值来判断设备是否故障，没有考虑信息相互之间的影响，受外界干扰（电磁干扰、传感器误差）的影响较大。

（3）对历史数据缺乏有效利用。监测数据中没有考虑设备本身特性

（如出厂试验值）、历史监测数据等对设备健康状态有较大关联的历史信息，缺乏对设备健康状态的全面把握。

（4）状态评价结果比较简单。大多数设备的评价只有正常和故障两种状态，只能对设备是否发生故障进行判断，不能反映设备健康状态的发展趋势，无法实现对运行趋势恶化的判断、识别，以及不能对即将发生的故障进行预警，对运行、维修起不到多大的指导作用。

1.3 主要研究内容

本书围绕输变电设备，从全景信息的采集、多元数据的集成、多维状态数据的特征压缩与提取、健康状态的多元综合评价、状态趋势的预测预警等方面开展研究，力求实现对输变电设备运行全寿命过程的综合管理，以及对输变电设备运行状态的全面了解，以及对输变电设备运行趋势的准确把握。本书主要研究内容及相互之间的关系如图 1-1 所示。

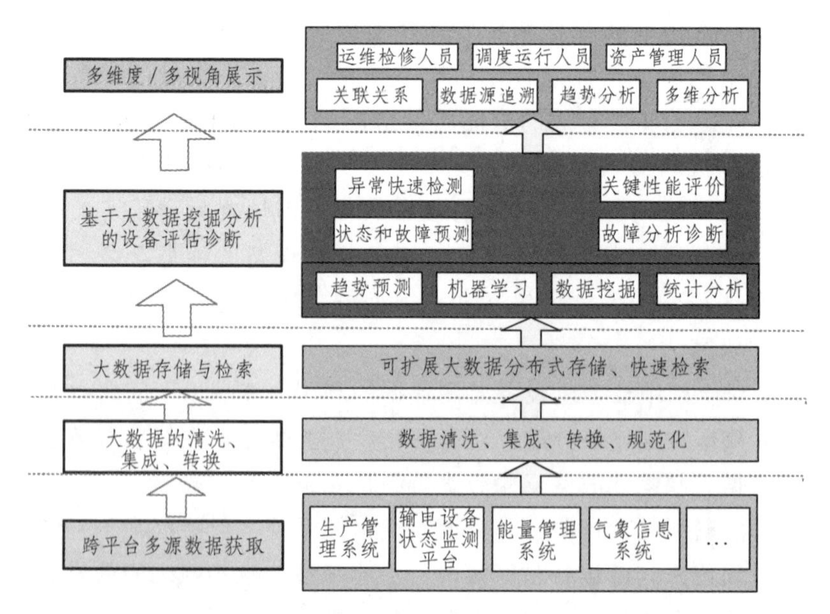

图 1-1　本书主要研究内容及相互之间的关系

（1）输变电设备健康管理统一数据平台的搭建。

此部分研究多源、分布和异构的输变电设备相关状态数据的跨平台接入和转换方法；研究基于分布式存储和分布式管理的输变电设备状态数据的统一管理平台；实现对现有生产管理系统（PMS）、输变电状态监测系统、能量管理系统（EMS）、电网气象监测预警系统、地理信息系统（GIS）等与输变电设备相关的多源跨平台数据库的高速并发读取和跨平台数据安全传输，同时支持现场测试数据、试验数据的分布式上传；研究输变电设备不同来源、不同类型的数据融合和集成技术、数据抽取技术、过滤技术和数据清洗技术；研究输变电设备多源数据的统一表示方法；研究现场测试数据、试验数据的分布式上传方法；研究海量异构数据的分类存储和访问控制方法；研究面向状态综合管理的大数据平台体系架构。

（2）输变电设备状态测试数据的自动上传方法研究。

此部分研究利用无线互联实现现场检测终端测试数据自动上传的方法；研究适用于已有检测设备的数据自动上传装置。

（3）输变电设备多维状态数据的特征压缩及提取方法研究。

此部分研究设备状态数据关联关系的分析方法；研究利用状态数据冗余关系进行特征压缩的实现方法；研究对设备数据进行聚类的分析方法；研究对多维状态数据进行特征抽取的方法；研究适用于不同类型设备的特征约减方法。

（4）输变电设备状态的多元综合评价方法研究。

此部分研究从海量数据中找出潜在模态及规律的方法；研究设备本征数据的内在关联关系，结合设备属性、特殊工况等个性化因素建立输变电设备的多维状态评价模型；研究输变电设备状态评价结果的可视化直观展示技术。

（5）输变电设备状态参数的数据预测方法研究。

此部分研究利用历史状态数据对输变电设备的未来状态进行预测的方法；研究数据驱动的输变电设备状态参数的预测模型及模型参数估计方法；研究利用预测结果对输变电设备进行预防性维修的方法。

（6）输变电设备健康诊断与故障预警统一数据平台的开发及应用。

此部分结合某省电网实际，开发某省电网输变电设备健康诊断与故障预警统一数据平台，实现对输变电设备状态数据的统一管理，在系统平台的基础上开发相应的高级应用。

第 2 章

输变电设备健康管理统一数据平台的搭建

输变电设备相关的状态数据涉及面广，包含内容多，既包括设备内部的电气量（如电压、潮流）、非电气量（如线温、油温、绝缘子污秽）等数据，又包括设备外部的微气象信息、电网运行信息（如电网拓扑、潮流分布）等实时状态数据，还包括设备的历史运行信息、故障、检修记录等历史数据。

当前这些相关状态的信息分散存在于众多不同的系统之中，分属于不同的人员管理，给多维状态数据的综合分析利用带来了困难。实现面向对象的输变电设备多维状态数据的统一管理，是实现多维状态数据分析利用的前提。

2.1　统一数据平台的体系结构

云服务平台拥有良好的体系架构，这是支撑输变电设备健康管理的基础条件。输变电设备的分散性和动态性的特征，决定了云服务平台是一个开放的系统，其体系结构也是开放的和可扩展的。借鉴云计算和云存储系统的典型体系结构，结合输变电设备健康状态管理的实际需求，构建的云服务平台的体系结构如图 2-1 所示。

云服务平台架构中，以输变电设备的状态数据为主线，将分布在不同区域、不同设备的异构状态数据进行统一管理，以输变电设备全寿命周期管理为目标进行任务的开发,以实现输变电设备资产的智能化运维。

系统从各业务系统采集数据，数据处理后分类存储至分布式实时库、分布式缓存、分布式存储及分布式数据，向数据计算提供数据支撑，同时建立数据服务模块处理业务数据，并在此基础上建立业务及功能。各部分具体的功能及作用如下：

（1）数据采集主要实现输变电设备全寿命周期状态数据的获取，通过读取已有各类信息系统中设备状态相关的数据，如 PMS 中的设备台账信息，红外检测信息管理系统中的设备红外检测信息，变压器在线监测系统中的油中溶解气体信息等。对于可以直接连接数据库的信息系统，读取系统的数据库，将获取到的数据进行解析存储；对于无法直接连接数据库的信息系统，则通过对数据文件的解析获取设备状态相关的数据；对于各类检测试验设备，通过智能移动终端实现设备试验数据的自动上传，如红外测温仪的温度信息，直阻测试仪的回路电阻值等；对于出厂试验、交接试验等部分纸质历史状态信息则通过规范化转为电子档形式后进行批量读取。

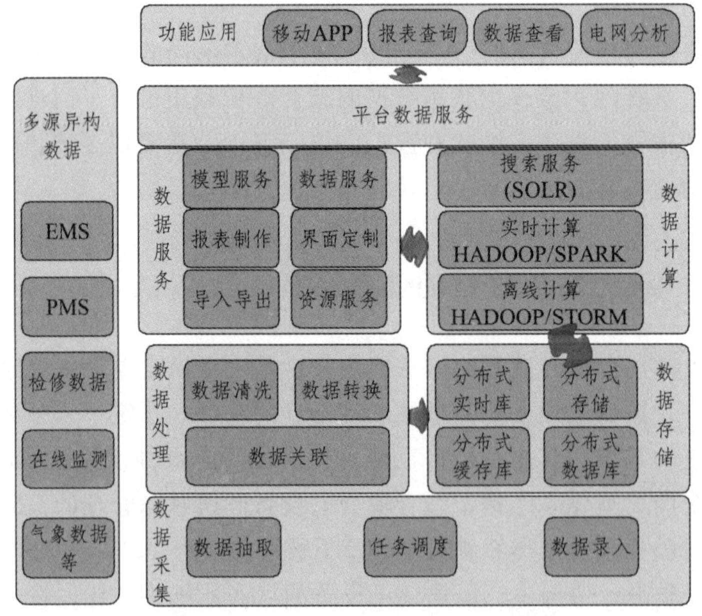

图 2-1　云服务平台的体系结构

（2）数据存储实现输变电设备相关状态数据的存储和管理。数据存储库主要分为分布式缓存库、分布式实时库、分布式存储库、关系库。分布式缓存库存储实时数据，分布式实时库存储历史数据，分布式存储库存储图片、文件等数据，关系库存储参数数据。

（3）数据预处理主要完成数据的清洗与转换。数据清洗对不同来源的数据进行重新审查和校验，以删除重复信息、纠正存在的错误，并保证数据的一致性；数据转换使来自不同数据库的数据能以统一形式在统一数据平台中进行存储。

（4）数据计算完成对设备状态数据的处理和各功能的实现。对于实时性要求比较高的功能，如健康状态的评价、故障的诊断等，采用 Spark 与 Storm 共同协作完成数据计算。

Spark 能更好地适用于数据挖掘与机器学习等需要迭代 MapReduce 算法。Spark 将中间结果保存在内存中而不是将其写入磁盘，可用于实时计算，如：对设备检测的数据文件解析，对健康状态的评价。

Storm 可用于“连续计算”（continuous computation），对数据流做连续查询，在计算时就将结果以流的形式输出给用户，能实时地处理小数据块的分析计算，根据设备上传后的数据情况对设备故障进行诊断，判断故障的类型并给出几套可行的处理方案。

（5）数据服务完成对状态数据的管理、查询、统计和可视化展示。其能根据需要订制查询项目、查询范围和显示方式，可提供按站查询、按设备查询、按电压等级查询等多种查询方法，可提供柱状图、饼图、曲线图等多种显示方式。

Solr 是一个独立的企业级搜索应用服务器，它对外提供类似于 Web-service 的 API（应用程序接口）。用户可以通过 HTTP（超文本传输协议）请求，向搜索引擎服务器提交一定格式的 XML 文件，生成索引；也可以通过 Http Get 操作提出查找请求，并得到 XML 格式的返回结果。不同类型的设备所存储的数据表各有不同，通过使用 Solr 能快速地查询到对应的设备，获取到设备信息，大大降低查询所需的时间。

（6）功能应用主要实现设备状态的评价、故障的诊断等高级应用功能，可根据国网导则，提供多种形式的评价结果并直观地加以显示。

输变电设备状态数据描述方式多样，存在着结构化数据、半结构化数据和非结构化数据需要进行处理。对于结构化数据，虽然现在出现了各种各样的数据库类型，但通常的处理方式仍是采用关系型数据知识库进行处理；对于半结构化和非结构化的知识，Hadoop 框架提供了很好的解决方案。

Hadoop 分布式文件系统（HDFS）是建立在大型集群上可靠存储大数据的文件系统，是分布式计算的存储基石。基于 HFDS 的 Hive 和 HBase 能够很好地支持大数据的存储。具体来说，使用 Hive 可以通过类 SQL 语句快速实现 MapReduce 统计，十分适合数据仓库的统计分析。HBase 是分布式的基于列存储的非关系型数据库，它的查询效率很高，主要用于查询和展示结果；Hive 是分布式的关系型数据仓库，主要用来并行处理大量数据。将 Hive 与 HBase 进行整合，共同用于大数据的处理，可以减少开发过程，提高开发效率。使用 HBase 存储大数据，同时使用 Hive 提供的 SQL 查询语言，可以十分方便地实现大数据的存储和分析。

2.1.1 云数据存储

系统数据主要包括图形数据、模型数据、历史运行数据、实时数据、图片数据、视频数据等，需要根据各类数据特征，将相关数据分类存储，如表 2-1 所示。

表 2-1 多源数据特点分析

序号	数据库类型	存储数据特点	数据内容实例
1	高速缓存	数据量小、实时性高、事务性弱	遥测实时数据、遥信实时数据
2	实时库	数据量大、数据关系简单、事务性弱	遥测历史数据
3	关系库	数据量小、关系复杂、事务性强	运行参数及模型数据
4	分布式存储	数据量大、半结构化或非结构化数据	图形、视频、文档

输变电设备所涉及的状态数据主要以运行参数为主，部分状态参数以图片、视频和文档的形式存在，部分重要设备存在着在线监测系统，因此项目涉及的主要包括实时库，关系库和分布式存储。

数据存储过程中，对应的数据库类型分别及选型方案如表 2-2 所示。

表 2-2　数据库选型方案

序号	数据库类型	可选数据库
1	缓存	Redis、MemCache、Scalaris、Terrastore
2	实时库	Hbase、MongoDB、Hypertable、Riak
3	关系库	Mysql、Oracle、SqlServer
4	分布式存储	HDFS、GFS、MooseFS、MogileFS

根据用户访问请求的类型不同，系统存储采用动静分离的存储策略。访问图片、文件、视频等静态请求时，相关数据存储于基于对象的云存储中；访问静态参数等静态请求时，相关数据存储于关系型数据库中；访问实时数据时，相关数据存储于高速缓存库中；访问历史数据时，则存储于实时库中。

数据存储方案如图 2-2 所示。

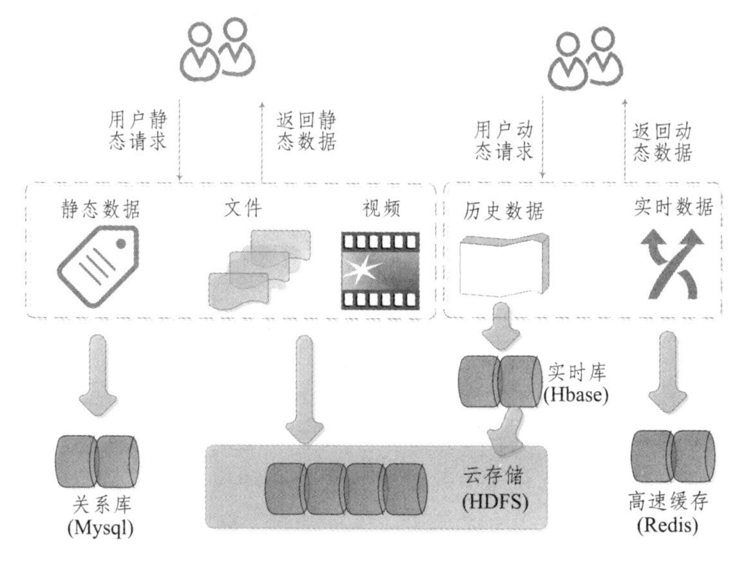

图 2-2　健康管理平台数据存储方案

设备的数据类型不一，根据不同的数据特性将数据进行区分存储。关系型数据库主要存储设备的台账数据，各类参数配置信息。分布式缓存库主要存储经常需要获取的参数信息，运行信息。分布式实时库主要存储容量大的历史数据，分布式存储库主要存储获取到的大文件，图片文件，视频文件，以及历史数据形成的文件。

2.1.2 云数据计算

系统基于 Hadoop 提供的分布式数据存储进行数据统计与计算，一方面通过 Spark 针对存储于 HBase 中的运行数据进行海量数据运算，另一方面通过 MapReduce 针对分布式存储中的文件进行批量计算，最终结果存储于关系库和高速缓存。分布式计算关系如图 2-3 所示。

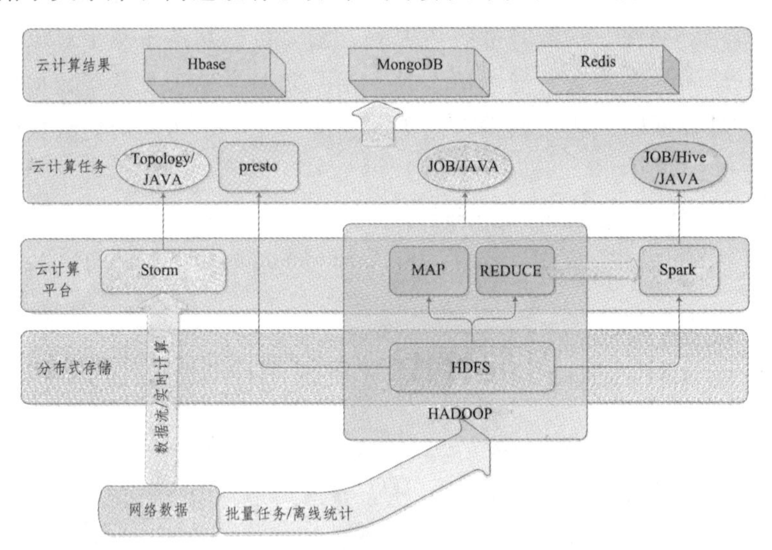

图 2-3　分布式计算关系

在云数据计算中，数据挖掘是最关键的工作。大数据的挖掘是从海量、不完全的、有噪声的、模糊的、随机的大型数据库中发现隐含在其中有价值的、潜在有用的信息和知识的过程，也是一种决策支持过程。其主要基于人工智能、机器学习、模式学习、统计学等，通过对大数据高度自动化地分析，做出归纳性的推理，从中挖掘出潜在的模式，可以帮助企业、用户调整市场政策，减少风险，理性面对市场，并做出正确的决策。目前，在很多领域尤其是在商业领域，如银行、电信、电商等，数据挖掘可以解决很多问题，包括市场营销策略制定、背景分析、企业管理危机等。大数据的挖掘常用的方法有分类、回归分析、聚类、关联规则、神经网络方法、Web 数据挖掘等。这些方法从不同的角度对数据进行挖掘。

项目中使用回归分析的计算方法，通过对历史数据与故障案例数据的分析，获取到设备出现问题时各项数据的数值情况。针对当前设备的数据分析，帮助用户提前了解设备的情况，将可能出现的所有情况按警戒等级对用户进行预警。用户根据预警信息提前对设备进行调整、运维等操作，防止设备出现问题，影响变电站的正常运行。

2.2 统一数据平台的网络拓扑

系统安装于省电科院网络安全Ⅲ区，继续利用原“分布式能源系统”相关应用服务器及数据库服务器等相关硬件，在原来的网络拓扑上增加新的网络通道与设施，建立不同的应用服务，同时共享系统数据库相关数据。系统网络拓扑如图 2-4 所示。

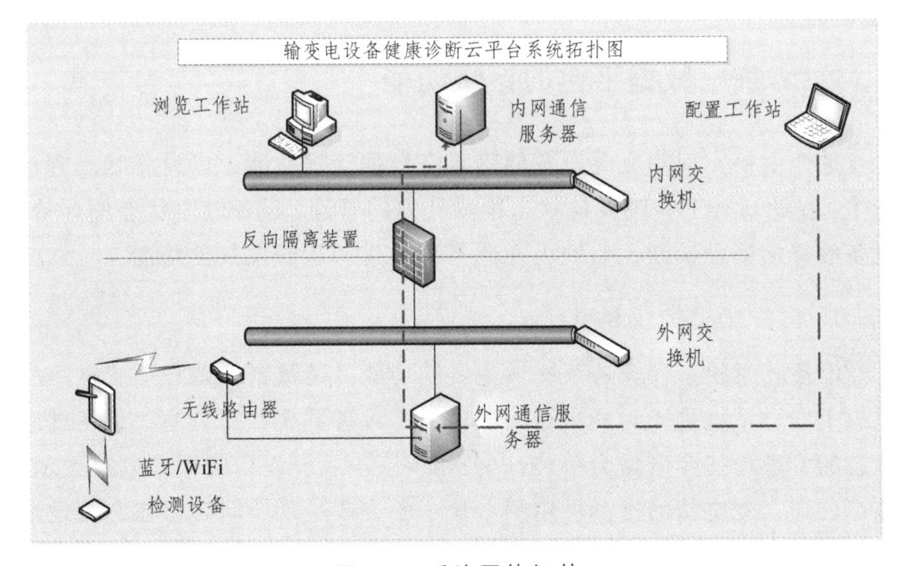

图 2-4 系统网络拓扑

检测仪器将检测数据文件写入智能数据采集移动终端/WiFi SD 卡的存储内，移动 APP（应用程序）实时扫描和收集检测采集移动终端/WiFi SD 卡内的检测数据文件。移动 APP 获取到检测数据文件后，通过移动专网将数据文件传输至外网通信服务器。

外网通信服务器将数据文件进行解析，分析文件中的数值情况，根据数值情况判断被检测设备的情况，将解析后生成的结果文件同数据文件一起存放在外网指定的文件夹处。考虑到数据安全性，内网通信服务器无法直接与外网建立连接。于是通过反向隔离装置形成外网通信服务器向内网通信服务器进行数据传输的桥梁。反向隔离装置自动扫描指定文件夹中的文件，将文件传输至内网通信服务器中的指定文件夹中。内网通信服务器自动扫描指定文件夹，将检测结果存储至内网通信服务器的数据库中。

由于缺少从内网通信服务器向外网通信服务器传输数据的通道——正向隔离装置，配置的工作站与带有专网 SIM 卡的无线路由器进行连接，直接与外网通信服务器进行检测任务的下发操作。外网通信服务器接收到下发任务后，把任务发送至移动 APP，最终形成一个检测过程的循环。

2.3 统一数据平台的系统功能

平台主要实现输变电设备健康状态数据管理功能，以设备状态管理为主，在此基础上实现设备状态检测计划的管理、设备健康状态的评价、设备故障的辅助诊断，后期可在此基础上进一步开发其他功能。

1. 设备健康状态管理

设备健康状态管理是系统最主要的功能，是数据管理和系统展示的组织主线，系统进入后的主页面应以展示设备健康状态为主。设备健康状态的管理可按变电站为单位，以公司→变电站→设备的形式进行显示，地市公司、变电站的选择可用图形显示的方式呈现，同时可在左侧设置导航条，便于切换。

选中某一具体设备后，界面应呈现和该设备相关的具体状态数据，包括设备的基本信息、当前（最近一次）的状态检测数据、全寿命周期生命线，并可实现对状态检测相关数据的统计查询功能。显示的内容有：设备的基本信息与设备相关的基本铭牌数据和部分台账信息显示；当前（最近一次）的状态检测数据显示离查询日期最近的一次检测的状态数据以及针对此次检测数据的状态评价结果，设备健康状态评价能在状态数据的基础上，按一定的方法实现对设备健康状态的确定性评价，并能以直观的图形形式将设备的状态变化规律进行显示；全寿命周期生命线将设备运行过程中的各次事件以时间轴的形式串联起来，选中某次事件时可将该次事件的具体信息弹出显示，在设备状态变化规律的基础上实现对设备健康状态的趋势预测及预警；设备状态的统计查询可实现按设备分类的查询统计、按状态分类的查询统计、按所属单位的查询统计等功能，可生成相应的报表。

该部分主要包括以下模块：

（1）设备健康状态实时管理：实时监控设备健康状态的总体信息。

（2）设备健康运行数据信息：查看变电站与设备的运行信息，并显示设备所对应的生命周期，能清楚地了解设备的总体情况。

（3）设备健康状态数据管理：查看历史计划的检测结果信息，并根据检测结果信息生成检测报告。

（4）设备健康状态评估：针对设备进行一个状态的评估。

2. 设备检测计划管理

检测计划能按国网要求，针对不同设备的不同检测周期，对设备将要进行的测试内容进行提醒。

（1）可在此基础上制定检测计划（包括检测对象、检测项目、检测时间等），并与开发的移动终端相连，实现检测计划的在线下发，实现检测任务和现场测试数据的关联管理，实现现场测试数据的自动上传及测试报告的自动生成。

（2）具有历史检测计划的查询功能，可实现按检测类型、检测对象、检测时间、检测结果等不同分类进行查询和统计功能，可生成相应的报表。

（3）为便于指导现场作业，建立设备技术标准库，存放常见设备的技术标准，为系统提供各类技术支持。

3. 设备缺陷及故障的辅助诊断

实现对设备典型缺陷及典型故障案例的规范化管理，将典型案例中的关键描述，如设备类型、电压等级、故障部位、故障特征等转化为数据库的字段进行管理；在输入设备类型、电压等级、故障部位信息后能自动将最为接近的典型案例进行推送供参考。

针对检测添加 3 种高级检测功能，包括：设备红外检测智能诊断，变压器故障诊断，基于可见光绝缘子污秽检测。

设备诊断云平台主要功能包括设备健康状态实时管理、设备健康运行数据信息、设备健康状态数据管理、设备健康状态评估、设备检修计划管理、设备健康诊断高级应用、设备故障案例库、设备技术标准库 8 个部分，系统功能如图 2-5 所示。

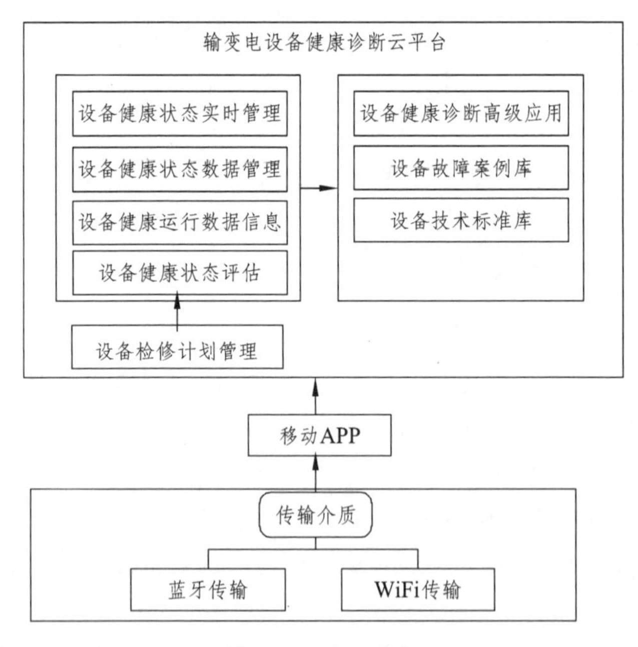

图 2-5　系统功能

第3章

输变电设备状态数据的获取

针对输变电设备的状态检修，破除单纯以时间为基础的设备维修制度，建立以状态检测为基础的设备维修制度，是维修工作摆脱盲目性、走向科学化的一场深刻变革。电气设备在线检测是通过实时提取故障的特征信号，为故障诊断提供参考来实现的，正确的故障诊断为状态维修提供了检修依据。输变电设备状态检测的目的是通过测量在运设备的健康状况，识别其现有的和即将出现的缺陷，分析、预计检修的时间，以有效地减少设备损坏。

为规范和有效开展输变电设备的状态检修工作，国家电网公司在2008年发布了Q/GDW1168—2008《输变电设备状态检修试验规程》作为状态检修工作的纲领性文件。为适应电网快速发展和状态检修工作的新形势，2013年，国家电网公司对标准进行了修编，形成了最新的Q/GDW1168—2013，对设备类型、试验项目、试验周期等项目进行了更细致的阐述。

输变电设备状态检测可定义为一种实时监测输变电设备运行特性的技术或过程，通过提取故障特征信号（故障先兆），被监测特性的变化或趋势可用于在严重故障发生前预知维护需要，或者评估机器的“健康”状况。状态检测利用了整个设备或者设备的某些重要部件的寿命特征，开发应用一些具有特殊用途的设备，并通过数据采集以及数据分析来预测设备状态发展的趋势。对输变电设备状态进行实时在线监测是为基于状态的维护（Condition-Based Maintenance，CBM）或预知性维护

（Predictive Maintenance，PM）服务的一种技术。在应用状态监测技术以前，基于时间的维护（Time-Based Maintenance，TBM）策略一直被采用。基于时间的维护根据检修时间表或运行时间离线检修设备，虽可以防止许多故障，但在检修间隔期内对发生的故障却无能为力。由于没有设备当前状态的任何信息，维护活动的安排具有盲目性，浪费了大量人力、时间和财力。与此相反，CBM 将使运行人员了解许多设备的状态信息，清楚地知道什么时候需要何种维护，从而在确保设备不会意外停机的情况下，减少人力的消耗。借助于状态检测系统提供正确和有用的机器状态信息，CBM 将发展成为一种最优维护策略。

要构成一个状态检测系统，必须首先考虑监测及诊断对象的故障机理，这有赖于监测对象物理模型的建立。例如，大型变压器的油中溶解气体监测、断路器机械振动监测，首先要考虑物理模型，由模型分析确定出合适的特征量，为故障检测和诊断提供基础。状态检测系统借助于电气接口，监控运行中的设备，在故障发生前预知维护需要，判定并详细定位故障，甚至估计设备寿命。一般而言，完整的状态检测系统应包括以下四个部分：

1. 传感器

传感器用于把物理量转换为电信号，传感器的选择取决于监控方法和设备故障机理的有关知识。通常选用的传感器应适于在线测量，灵敏度、经济性和非侵入性是对传感器的主要要求。

2. 数据获取

数据获取单元用于对来自传感器的信号进行放大和预处理，例如：实现数模转换和传感器误差修正。这一单元需要应用数据通信技术和微处理器技术。

3. 故障检测

故障检测的主要目的是弄清机器内是否有潜在故障出现，以便给出报警信号并做进一步的分析。当前有两种不同的故障检测方法：模型参考方法和特征提取。模型参考方法通过把测量结果和模型（可以是数学仿真模型或是基于人工智能的模型）预测值进行比较来检测故障，而特征提取绝大多数采用频域和时域信号处理技术来获取能代表正常和故障参数的特征量。

4. 故障诊断

故障诊断对检测到的异常信号如何进一步处理以给出明确的维护指示。过去故障诊断通常由专家或离线分析来完成，而目前倾向由计算机在线自动实施。提供给用户的诊断结果应包括故障名称、故障位置、设备状态、维护建议等。在状态监测中，先进的信号处理和人工智能技术尤为重要。考虑到状态监测系统越来越重视自动分析和在线诊断，现代的状态监测也可称作智能状态监测（ICM），它具有快速计算、智能分析和低成本的特征。

3.1 输变电设备的状态检测方法

输变电设备在线监测技术为输变电设备的状态检测方式提供了新的思路，科技的发展使得建立输变电设备在线监测系统成为可能，各种高灵敏度的传感器可以及时收集电路的运行情况，并在采集相关的信息后交由计算机进行处理，计算机确认电路是否运转正常，能够有效保障电力系统的安全运行。

输变电设备在线监测系统是一种利用各种高精度的传感器来实时收集变压器、电容型设备、电力传输线路的运行情况，然后经由计算机进行处理之后呈递给操作人员的不停电检测方式。通过各种传感器，如电磁传感器、力学量传感器、声参数传感器、热参数传感器、化学量传感器等的应用，系统能够将各种物理信号转变为电子信号，经过计算机处理分析之后呈递给操作人员，由操作人员判断线路运行是否异常，以及设备是否该停电检修。输变电设备在线监测系统的运用能够提高状态检测的时效性和准确性，在设备故障还不是太严重之前就及时消除，这样能够有效减少相关维护人员的工作量和工作强度。目前常用的输变电设备状态检测方式有：热信号类，如红外热成像；光信号类，如紫外成像、可见光识别等；电磁信号类，如超声波检测、特高频检测、局部放电检测；化学信号类，如油中溶解气体检测，瓦斯检测；以及其他特殊的检测方法，如机械性能检测等。下面介绍几种常用的输变电设备状态检测的方法。

3.1.1 红外检测

红外热成像系统接收物体表面的红外辐射信号，得到与景物表面热分布相对应的“实时热图像”，该热图像是反映物体自身状态的重要信息。在电力系统中，从锅炉、汽机、发电机、热力管道、封闭母线，到变电站内的开关、刀闸、电压互感器（CT）、电流互感器（PT）、变压器、避雷器、套管、耦合电容器等各种设备，因为材质、工艺、安装以及受潮、放电、老化等存在着各种故障隐患。红外热像仪能够探测到上述电气设备内、外部发热故障，通过接收物体发出的红外线并在显示屏上绘出设备运行中的温度梯度热像图，揭示出如导线接头或线夹发热、电气设备中的局部过热点等，能够将探测到的热量精确量化，对发热的故障区域进行准确识别和细致的分析，从而可以有效防止电力设备故障和计划外停电事故的发生。红外热成像仪成像技术过程如图 3-1 所示。

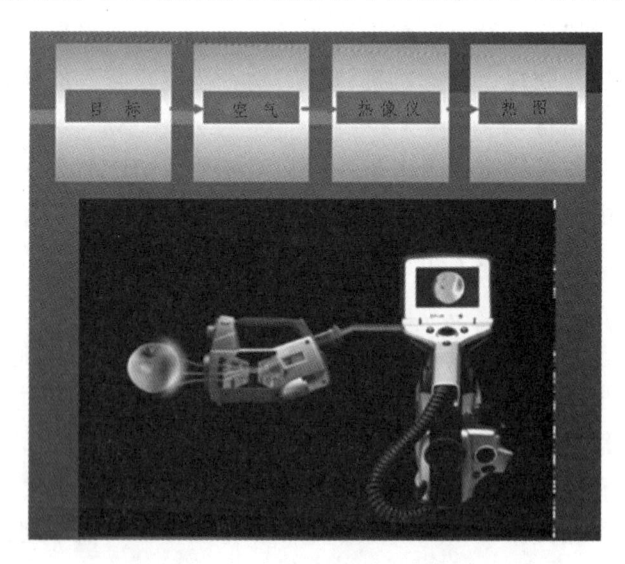

图 3-1 红外成像技术过程

1. 电气设备发热故障类型及原因

一般而言，输变电设备发热故障可分为外部发热故障和内部发热故障两类。

（1）外部发热故障。外部发热故障是指电气设备中由于长时间暴露在空气中的裸露电气接头因为接触不良而引起的热故障。它的发热特征是以局部过热的形态向其周围辐射红外线，其红外热像呈现出以故障点为中心的热场分布，所以从设备的热成像图中可以直观地判断设备是否存在热故障，以及故障的严重程度。最常见的外部发热故障为隔离开关的触头发热及导线线夹接触不良引起的发热。

（2）内部发热故障。内部发热故障是指电气设备内部由于电气回路故障，固体绝缘、油绝缘介质劣化引起的热故障。它的发热特征是过程一般较长，且比较稳定。由于各种电气设备的内部结构和运行状态各不相同，其发热机制和表现形式也不一样，因此电气设备内部发热故障不像外部发热故障那样可以直观地从红外热成像图中进行判断，而是需要结合现场的各项试验，综合分析后才能判断内部故障的类型。

电气设备过热故障原因有以下几点：

（1）长期受环境温度变化、污秽覆盖、有害气体腐蚀、风雨雪雾等自然力的作用，导致绝缘介质老化。

（2）人为设计、施工不当等因素，均会造成设备连接件接触电阻增大、接触不良而发热。

（3）电压致热型设备是由于设备绝缘介质老化、受潮后，其绝缘介质损耗增大，导致介质损耗发热功率增大，发热功率 $P=U^2\omega\cot\delta$。运行中常见的有氧化锌避雷器内部受潮引起的发热。

（4）设备内部缺油时也会产生热效应。

2. 红外热成像的现场检测

首先，根据实际情况编制实施红外检测计划，同时根据空间和布局，应避免遗漏，实现故障普查和保障重点检测。其后，选择高压设备在满负荷状态运行的时机进行红外检测，使设备有足够的发热时间，设备表面达到稳定温升，提高检测效率。最后，对于检测位置的选择，应多角度、全方位扫描运行设备来寻找热点，发现热点后，记录热像仪位置，以后检测中取原位置，保证不同时期相同位置的检测结果具有可比性。检测时还应完成以下任务：

开机后设备自检正常，根据环境调整仪器背景温度；在仪器上调整受检目标发射率，并设置色标温度量程；将仪器测量距离调至较远，进行大范围的一般检测，寻找可能发热点；将背景温度和测量距离调至适当值，对可疑发热点做精确检测，区分发热类型；对可疑发热点进行拍摄，应有设备整体成像、发热点的局部成像以及可供参考的同类正常热备的对比成像；记录成像设备编号、相别以及发热点的方位，与图像编号相对应；收集发热设备的负荷情况和最高负荷情况。

检测条件对检测结果的影响有以下几个方面：① 受太阳和背景辐射的影响，红外热成像工作应选择夜晚和阴天或者加装红外滤光片；② 注意环境温度的影响；③ 检测前，应检查被测设备表面的发射率值；④ 检查应在高压设备满负荷的状态下进行，设备才具有足够的发热功率致使其表面产生固有的故障热区特征。

3. 红外热成像仪常用检测分析方法

（1）表面温度判断法。表面温度判断法是指通过红外热像仪可以测得电气设备表面温度值，对照《高压开关设备和控制设备标准的共用技术要求》（GB/T 11022-2011）的相关规定进行判断。这种方法可以判定部分设备的故障情况，但还没能充分表现出红外诊断技术可超前诊断的优越性。

（2）相对温差判断法。相对温差是指两个相应测点之间的温差与其中较热点的温度百分比。现场实际工作中往往会遇到环境温度低、负荷电流小、设备的温度值没有超过规定的情况，运用“表面温度判断法”并不能完全确认该设备没有热缺陷存在，这就需要用“相对温差判断法”进行判断。“相对温差判断法”主要用于判断电流致热型设备是否存在热缺陷。

（3）同类比较法。其是指在同类型设备和同一设备的三相之间进行比较，也就是常说的“纵向比较”和“横向比较”。具体做法就是比较红外热成像图中同类型设备对应部位的温升值来判断设备是否正常。对于同类型的电压致热型设备，可根据其对应点温升值的差异来判断设备是否正常。

（4）热图谱分析法。其是指通过分析同类型设备在正常状态和异常状态下的红外热成像图谱的差异来判断设备是否存在热缺陷。

（5）档案分析法。档案分析法就是建立设备在不同时期的红外热成像图谱档案，结合设备运行状况、负荷率的大小、温升等因素，分析判断设备是否存在热缺陷。

4. 红外热成像的缺陷诊断

热缺陷按照温升的高低及对设备的危害程度分为一般性缺陷、严重性缺陷、危险性缺陷三种。

一般性缺陷：指设备存在过热、有一定温差、温度场有一定梯度、但不会引起事故的缺陷。这类缺陷一般要求记录在案，注意观察其缺陷的发展，利用停电机会检修，有计划地安排试验检修予以消除。当发热点温升值小于 15 K 时，对于负荷率小、温升小但相对温差大的设备，如果负荷有条件或机会改变时，可在增大负荷电流后进行复测，以确定设备缺陷的性质；当无法改变时，可暂定为一般缺陷，加强监视。

严重性缺陷：指设备存在过热、程度较重、温度场分布梯度较大、温差较大的缺陷。这类缺陷应尽快安排处理。对电流致热型设备，应采取必要的措施，如加强检测等，必要时降低负荷电流；对电压致热型设备，应加强监测并安排其他测试手段，缺陷性质确认后，立即采取措施消缺。

危险性缺陷：指设备最高温度超过 GB/T 11022 规定的最高允许温度的缺陷。这类缺陷应立即安排处理。对电流致热型设备，应立即降低负荷电流或立即消缺；对电压致热型设备，当缺陷明显时，应立即消缺或退出运行，如有必要，可安排其他试验手段，进一步确定缺陷性质。

电压致热型设备的缺陷一般定为严重及以上的缺陷。

5. 发热故障应用实例

导体连接不良或松动，往往会造成接触电阻增大，从而引起过热，导致电气设备连接处的外部发热故障。图 3-2 所示为在某变电站用红外热像仪检测到软连接处温度异常热图像。

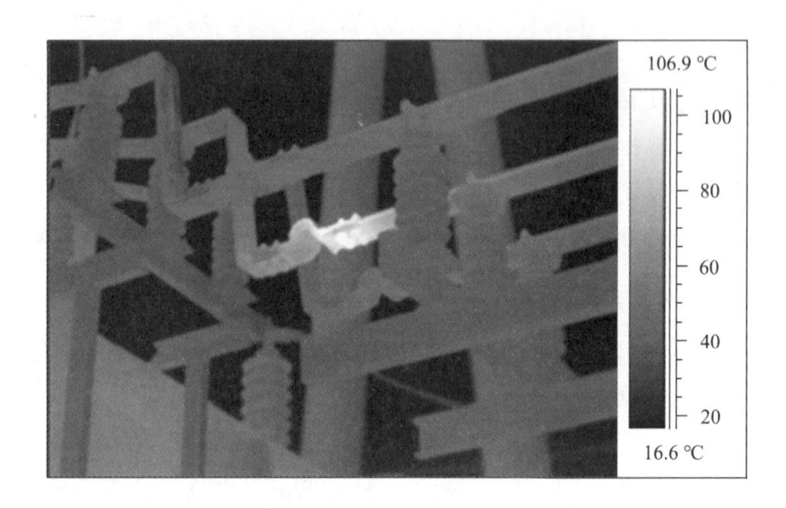

图 3-2　软连接处发热故障图像

某些设备如电流互感器由于内部连接不良引起外部发热，红外热图像如图 3-3 所示。

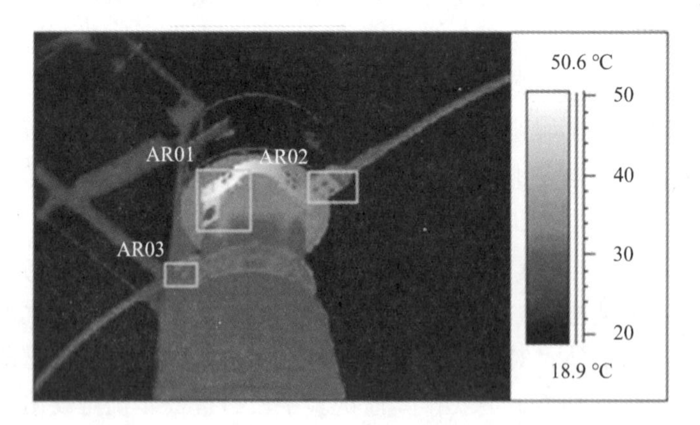

图 3-3　电流互感器内部连接不良故障热图像

某些具有铁芯的油浸式设备由于涡流增大、缺油以及内部放电等会引起过热的现象。图 3-4 所示为某变电站电流互感器局部发热红外图像。

图 3-4　电流互感器局部发热红外热图像

绝缘子的瓷质不良、污秽、低值和零值等都会导致绝缘子过热，引起故障。图 3-5 所示是某电力公司拍摄到悬式绝缘子串的故障热图像。

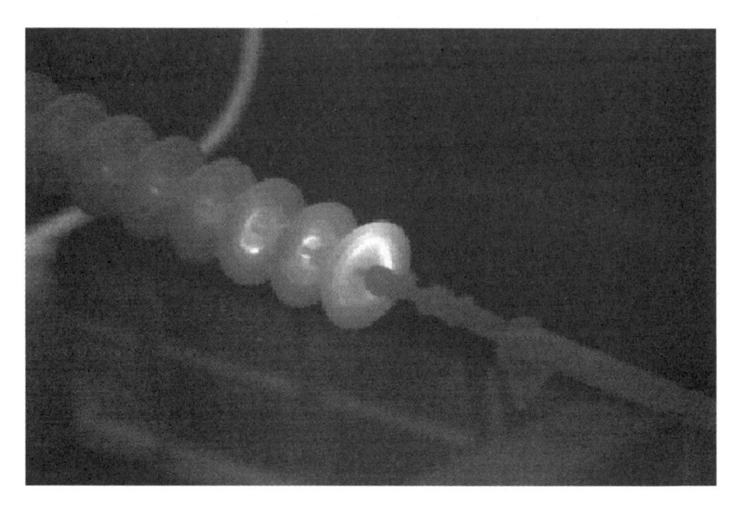

图 3-5　绝缘子串故障热图像

变压器漏磁通产生的涡流损耗引起箱体或部分连接螺杆发热，其热像特征是以漏磁通穿过而形成环流的区域为中心的热像。图 3-6 所示是某变电站变压器的红外热图像。

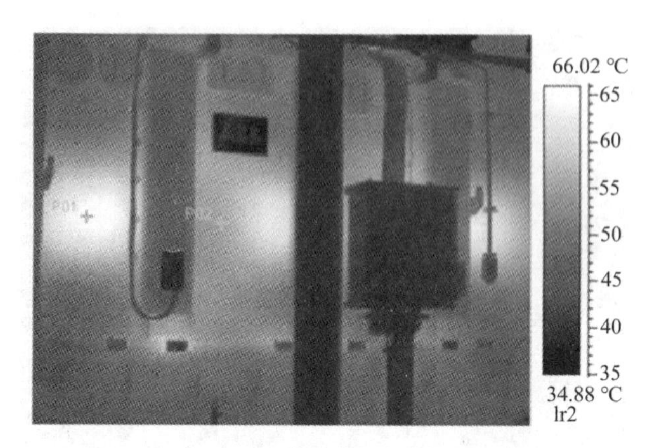

图 3-6　变压器本体器身漏磁出现温度异常

主变冷却装置及油路系统异常的表现为潜油泵过热、管道堵塞或阀门未开（无油循环部分管道或散热器在热谱图上呈现低温区）、油枕内有积水（热谱图上油枕的底部有明显的水油分界面）、套管缺油（热谱图上套管内油气分界面清晰可辨），如图 3-7 所示。

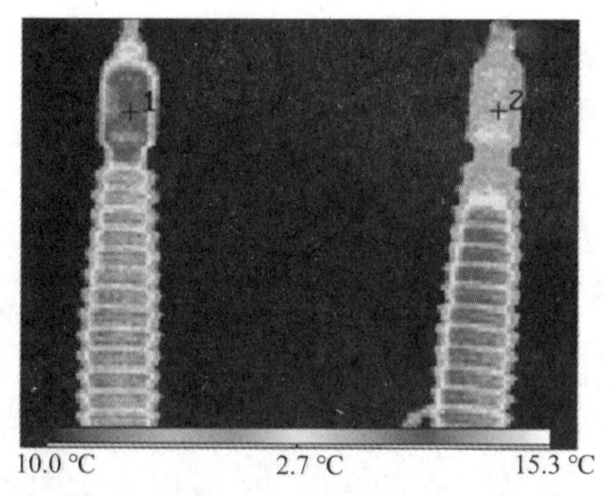

图 3-7　主变套管缺油热成像图

6. 红外成像检漏

SF_6（六氟化硫）为目前最稳定的绝缘气体，与空气相比，其红外吸收特性极强（两者的红外影像不同，会产生一定的温差）。在具有超高热灵敏度的红外探测器下成像时，不可见的泄漏出来的 SF_6 气体变为可见。

红外成像检漏仪充分利用 SF_6 红外吸收性强的物理特性，使肉眼看不见的泄漏出来 SF_6 气体，在其高性能的红外探测器及先进的红外探测技术的帮助下变得可见。一般而言，红外成像检漏仪的工作波段为 10.3 ~ 10.7 μm，SF_6 红外吸收性最强的波长为 10.6 μm。

1）红外成像检漏的意义及原理

常态下，SF_6 是一种无色、无味、无毒、具有较强电负性的气体，灭弧能力强，绝缘强度高，化学性能稳定，被广泛应用于变压器、断路器、互感器和组合电器等多种设备中。以 SF_6 气体作为绝缘介质的电气设备，具有占地面积少、运行中受环境影响小、可靠性高、维护工作量低等优点。但随着电网中 SF_6 充气设备的增多，由于产品设计制造水平、现场安装质量、运输过程中受到损伤以及运行中受到多种因素影响等各方面的原因，SF_6 气体泄漏逐渐成为一个亟须重视的问题。

运行设备中 SF_6 气体湿度很低，而大气环境相对湿度较大，在高温作用下，水分借助内外压力差容易通过密封薄弱部位渗透进入设备内部。这会使 SF_6 气体压力下降，影响灭弧能力，严重时会导致 SF_6 断路器分合闸闭锁，影响断路器正常操作，威胁系统安全。SF_6 气体具有温室效应，对环境影响较大，特别是电弧会使 SF6 气体分解，产生剧毒物质。SF_6 气体泄漏后需要补气至额定压力，需停电处理，操作过程较为复杂，并且 SF_6 气体价格高昂，大量补气会提高设备运维成本。因此，SF_6 气体检漏尤为重要。

红外成像检漏的原理如图 3-8 所示。

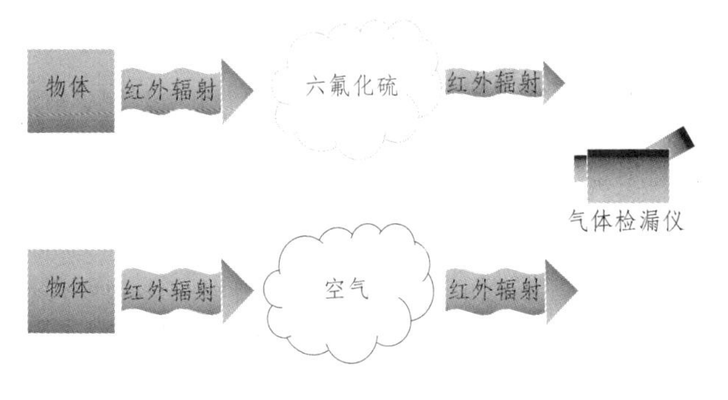

图 3-8　红外成像检漏原理

2）红外检漏仪现场操作

在进行红外检漏操作的时候应严格执行国家电网公司《电力安全工

作规程（变电部分）》的相关要求。检测工作要求不得少于两人。负责人应由有经验的人员担任，开始检测前，负责人应向全体检测人员详细布置检测中的安全注意事项，交代带电部位，以及其他安全注意事项。进入室内开展现场检测前，应先通风 15 min，检查氧气和 SF_6 气体含量合格后方可进入，检测过程中应始终保持通风；检测时应与设备带电部位保持足够的安全距离，要防止误碰误动设备；行走中注意脚下，防止踩踏设备管道；检测时避免阳光直接照射或反射进入仪器镜头。

进行电力设备红外成像检漏的人员应具备如下条件：①熟悉红外成像检漏技术的基本原理和诊断程序，了解红外成像检漏仪的工作原理、技术参数和性能，掌握红外成像检漏仪的操作程序和使用方法；②了解被检测设备的结构特点、工作原理、运行情况和导致设备故障的基本因素；③具有一定的现场工作经验，熟悉并能严格遵守电力生产和工作现场的有关安全管理规定，掌握 SF_6 气体安全防护技能；④应经过上岗培训并考试合格。

室外检测时宜在晴朗天气下进行，环境温度不宜低于+5 °C，相对湿度不宜大于 80%，检测时风速一般不大于 5 m/s。

检测时，应先确认检测仪器能正常工作，电源也应正常。然后根据 SF_6 电气设备情况确定检测部位，根据检测部位调整检测仪器，应至少选择三个不同方位对设备进行检测，以保证对设备的全面检测。检测中，若发现检漏仪显示有烟雾状气体冒出，则可判定该部位存在泄漏点，应记录泄漏部位的视频和图片。

3）泄漏出现的部位及其原因判断

根据运行经验判断，密封连接面往往是泄漏概率较高的部位。例如对于法兰密封面，泄漏一般是由密封圈的缺陷造成的，也有少量的刚投运设备由于安装工艺问题导致了泄漏，查找这类泄漏时应该围绕法兰一圈进行检测。罐体预留孔的封堵处也是 SF_6 泄漏概率较高的部位，这一般是由于安装工艺造成的。密度继电器表座密封处是另一处泄漏的高发区，一般都是由于工艺或是密封老化引起，应对其着重检查。此外还有充气口活动的部位，可能会由于活动造成密封缺陷，应重点排查管路的焊接处、密封处、管路与开关本体的连接部位。有些三相连通的开关 SF_6

管路可能会有盖板遮挡，这些部位需要打开盖板进行检测。包括机构箱内有 SF_6 管路时需要打开柜门才能对内部进行检测。一般来说砂眼导致泄漏的情况较少，但当排除了上述一些部位的时候也应当考虑存在砂眼的情况。

一般而言，泄漏原因往往有以下几种：密封件由于老化或本身质量问题导致的泄漏；绝缘子出现裂纹导致泄漏；设备安装施工质量问题导致泄漏，如螺栓预紧力不够、密封垫压偏等导致的泄漏；密封槽和密封圈不匹配；设备本身质量，如焊缝、砂眼等；设备运输过程中引起的密封损坏等。

4）现场检测案例

SF_6 现场红外检漏案例如表 3-1 所示。

表 3-1　SF_6 现场红外检漏案例

设备名称	可见光图像	红外成像检漏图像
中间法兰		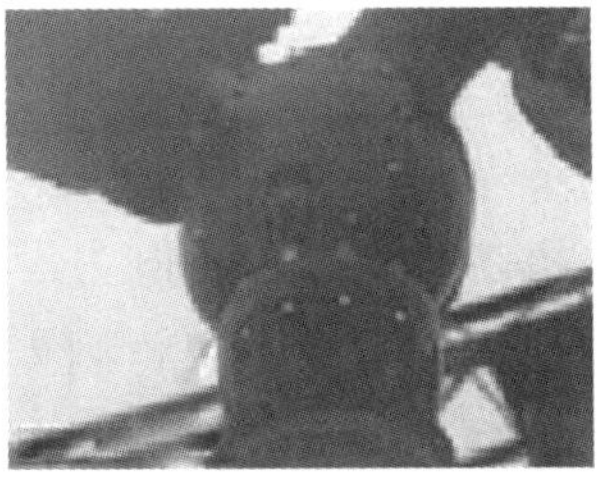
密度继电器	 泄漏点	
断路器		

续表

设备名称	可见光图像	红外成像检漏图像
室内 GIS		
断路器阀		

3.1.2 超声检测

超声波检测是在电力设备的运行状态下，进行远距离、非接触的快速方便检测，保证了检测人员的安全的同时也降低了检修人员的工作强度和提高了检测效率。所以，超声波检测技术已经逐渐成为电力部门检测的重要检测手段。

1. 超声波检测仪的测量原理

在进行电力设备的绝缘故障检测时，超声波检测是通过对设备绝缘局部放电的辐射信号来检测的。在电力线路上，不管是较大的火花、电弧，还是不易发现的微小火花放电，超声波检测仪都能很容易地检测出来。超声波检测的基本原理是基于超外差接收机的工作原理，通过利用高灵敏度的窄带超声波换能器，从而将超声波的高频信号转换为音频段处理过后的信号，再利用音频进行放大并将其播放和显示出来。

在非接触测量中，传感器需具备的功能是对信号的收集和定向的功能。一般的超声波检测器的方向性都比较差，不能保障故障位置的精确定位，但如果加上特殊的超声波收集器，就可以提高它的方向性能，从而保障故障点的准确定位（通常都能够将定位精度控制在 2°以内），克服了非接触检测中定位不准的困难。超声波检测基于超外差接收机的工作原理，通过利用高灵敏度的窄带超声波换能器，有效地提高了检测器的信号噪声比。如在设备绝缘子的在线检测中，在 10 m 以内可以对绝缘子进行准确定位并找出故障区域。

2. 超声波检测技术在高压设备绝缘状态检测的应用

超声波检测具有成本低、检测效率高、使用方法简便、绝缘故障定位准确等优点，被广泛运用到电力高压绝缘设备的检测当中。超声波检测既能在户内的设备中使用，又能在户外的变电站中使用，尤其是在加强了超声波增强收集器后，甚至能进行空中高压传输设备的绝缘检测。

在电力设备中，如果高压绝缘体出现劣化就会产生局部放电现象，进而就会发生超声波。当电站蒸汽管道发生泄漏、发电设备材料出现局部放电时，机器会出现异常的振动，这些都将会发生超声波。超声波对这些情况进行检测就可以发现设备中存在的故障问题。如果采用被动的检测方法，可以检测出绝缘体和导体老化程度、表面放电、导线节点、开关装置的轻微振动等在线故障；如果采用的是主动地检测方式，通过向机器和设备发射相应频率的超声波，分析被检测物体的反射波强度、频谱和相位，就能检测出导体和绝缘体的内部损伤和绝缘内部的孔隙。

对于非接触高压绝缘状态检测方法，传统的检测方法一般是使用红外测温仪表现出绝缘的发热点位置。然而在高压绝缘设备中，电晕、火花放电有时产生的热量比较小，这些发热点可能被绝缘体周围的高温所掩盖，检测就会存在一定的难度。但是，绝缘体如果发生故障就一定会产生超声波，通过采用超声波的检测技术就可以将这些产生超声波的故障绝缘位置检测出来。

当前，超声波检测技术被广泛地应用，如在高压测量、绝缘材料的放电研究，气隙的放电研究，电力设备局部放电的测量和定位的研究，电缆树枝主通道上的放电研究等方面。

在一些西方发达国家，超声波检测技术在电力设备的在线检测中应用比较多。例如，在美国和加拿大，应用超声波检测技术来诊断 GIS、互感器、电力电容器、变压器的绝缘缺陷，对电力传输线路的绝缘子、节点松懈振动的在线定位和检测，对切线开关放电触电的定位与检测，对变电站绝缘立柱表面放电的定位和检测等。同时，IEEE（电气和电子工程师协会）的技术专家进行了相关标准的起草工作，在电力设备的在线检测中，超声波检测技术越来越受到人们的重视。

3. 超声波检测现场案例

某供电公司要求对其下辖的某室内变电站的电气设备进行局放检测，包括 GIS 及电缆接头、开关柜、电源柜、通信柜、母线等，如图 3-9 所示。而开关柜、电源柜、通信柜等不能打开，所以不能使用红外热像仪等检测仪进行检测，但是柜体基本都是有缝隙的，所以可以使用超声波进行电气问题检测。

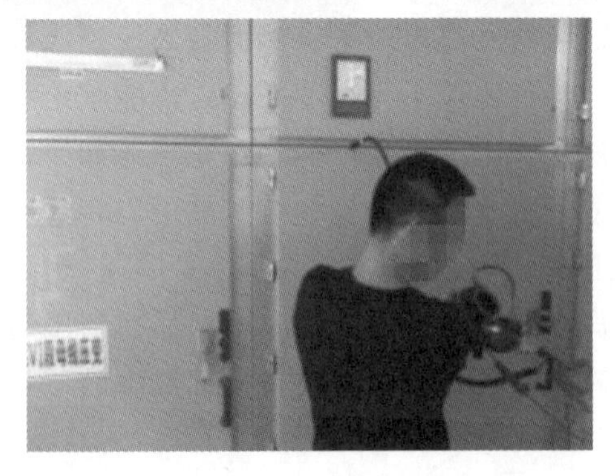

图 3-9 某变电站正在进行超声检测

先对 10 kV 变电站母线、开关柜、变压器等进行精确仔细检测，未发现异常，环境值和测量值都在 – 5 dBμV 左右，后对 35 kV 变电站母线、开关柜、变压器等进行检测，发现母线压变超声波读值最大为 15 dBμV，35 kV 主变开关处超声波读值最大为 18 dBμV，相对于环境值 – 5 dBμV 来说较大，建议实时对其进行观察。

3.1.3 特高频检测

气体绝缘全封闭组合电器（Gas Insulated Switchgear，GIS）是电力系统的重要设备，是保证供电可靠性的基础，一旦发生故障必将引起局部以致全部地区停电。大型电力 GIS 的故障可能造成巨大的经济损失，甚至由于会因爆炸造成人员的伤亡。随着经济的发展，社会对供电可靠性的要求越来越高，而导致设备故障的主要原因是其绝缘性能的劣化。局部放电是发生绝缘故障的重要征兆和表现形式，同时也是检测和评价绝缘状况的重要手段。对运行中的电力 GIS 的绝缘状况进行特高频（UHF-Ultra High Frequency）检测是解决绝缘性能劣化问题最有效的手段。

1. 特高频（UHF）法体外检测 GIS 内部局部放电原理

特高频探头主要接收 GIS 内部由局部放电辐射出的特高频波段的电磁波。当 GIS 内部局部放电发生时，由于 SF_6 气体绝缘强度高，因此局部放电脉冲的上升沿很陡，脉冲宽度多为纳秒级，能激励起 1 GHz 以上的特高频电磁信号。研究表明，GIS 内外结构相当于同轴传输导线，GIS 母线腔体在特高频波段可视为同轴谐振腔。因此，电磁波在其中以波导的方式传播，在通过盆式绝缘子法兰连接处时辐射出特高频信号，此时可以应用外部的特高频探头接收。特高频电磁波信号在 GIS 内部传播衰减较小，有利于局部放电信号的检测，另外在特高频范围内（400 ~ 3 000 MHz）提取局部放电产生的电磁波信号，大大减少了外界干扰信号（干扰信号的频率多在 400 Mhz 以下），可以极大地提高 GIS 局部放电检测（特别是在线检测）的可靠性和灵敏度。特高频局部放电检测技术近几年来得到了较快的发展，在一些大型电力设备的检测中已经得到了广泛应用。

2. 特高频（UHF）法在电气设备绝缘检测中的应用

特高频（UHF）检测技术可以单独作为状态检测的一种手段，其设备也可以方便地构造为电气设备绝缘在线监测系统，该检测方法在变电站的应用系统如图 3-10 所示。

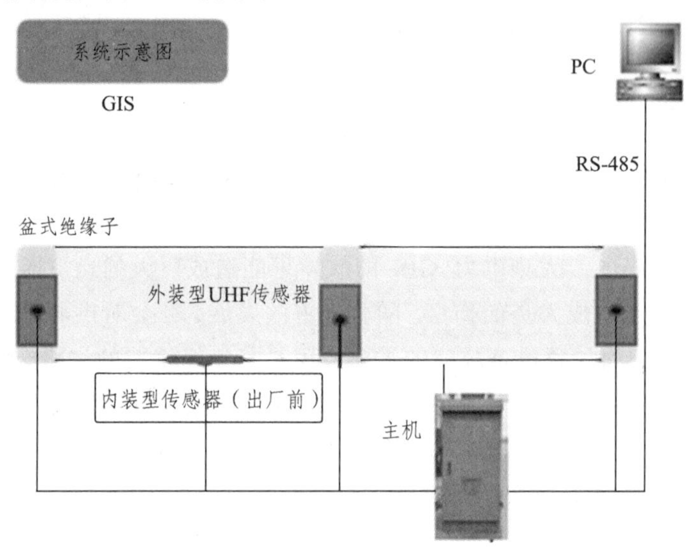

图 3-10 基于特高频（UHF）检测设备的在线监测系统

3. 特高频（UHF）检测的放电典型波形

1）GIS 内部高压导体上的金属尖刺放电波形

如图 3-11 所示，检波输出曲线由多个连续的波峰组成，呈无规则状，

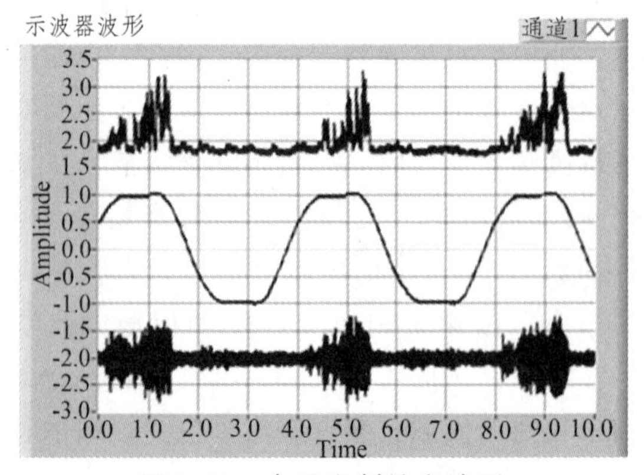

图 3-11 金属尖刺放电波形

放电脉冲相互重叠，状若山峰。正负半周极不对称，正半周明显强于负半周。放电量不高（即示波器上所显示的信号电压幅值不高），随作用电压的升高有所增加。图 3-11 中，上曲线为特高频探头检波输出波形，中曲线为工频相位，下曲线为局放仪采集的信号。

2）GIS 内高压导体一点接触不良放电波形

如图 3-12 所示，检波输出曲线为规则的脉冲波形，幅值和间隔均匀（一点接触不良）；脉冲出现在工频相位正、负半周的上升沿，且正、负半周对称，故障放电量很大，随着作用电压的升高，放电量基本上不变，放电次数增多，一点接触不良随电压升高，易出现击穿。图 3-12 中，上曲线为特高频探头检波输出波形，中曲线为工频相位，下曲线为局放仪采集的信号。

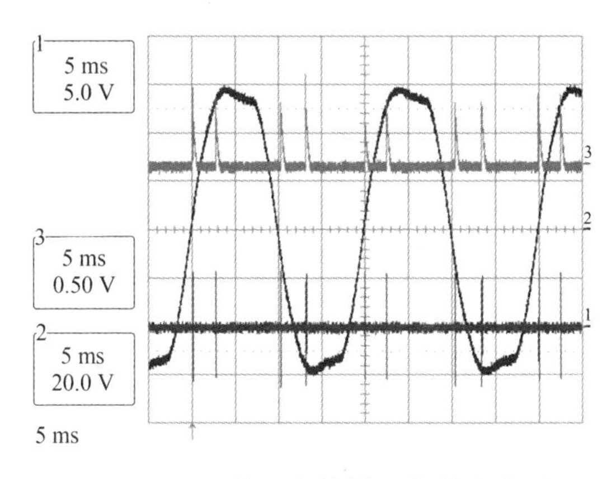

图 3-12　导体一点接触不良放电波形

3）GIS 内高压导体多点接触不良放电波形

如图 3-13 所示，检波输出曲线的幅值略有不等，脉冲有些相叠，但仍可清楚分辨出一个个放电脉冲（多点接触不良）。脉冲出现在工频相位正、负半周的上升沿，且正、负半周对称；故障的放电量很大，随着作用电压的升高，放电量基本上不变，但放电次数增多，多点接触不良随电压升高，易出现击穿。图 3-13 中，上曲线为特高频探头检波输出波形，中曲线为工频相位，下曲线为局放仪采集的信号。

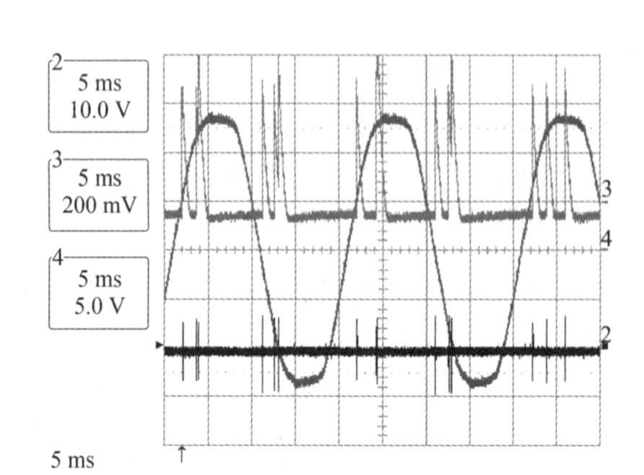

图 3-13　导体多点接触不良放电波形

4）GIS 内接地体之间接触不良放电波形

如图 3-14 所示，检波输出曲线规则的脉冲波形，幅值略有不等，但仍可清楚分辨出一个个放电脉冲（多点接触不良）；除了工频正、负半周的上升沿有放电脉冲外，其下降沿也有放电脉冲，并且和上升沿的放电脉冲相比，下降沿的放电脉冲大而稀疏；故障的放电量较小，并且下降沿的放电量比上升沿的大，随着作用电压等级的升高，放电量基本上不变，放电脉冲密度增加。图 3-14 中，上曲线为特高频探头检波输出波形，中曲线为工频相位，下曲线为局放仪采集的信号。

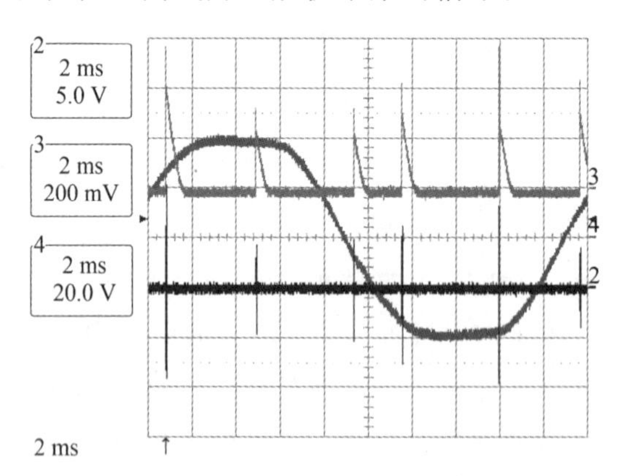

图 3-14　接地体之间接触不良放电波形

5）盆式绝缘子上的自由金属颗粒（初期的自由金属颗粒）放电波形

如图 3-15 所示，检波输出曲线的脉冲密集且间隔不等，但是和电晕放电不同的是仍能区分出一次次的放电脉冲；局部放电发生在很宽的相位区间内，主要在电压过零点前后；故障的放电量较小，但超高频探头可以测到相当可观的放电信号。检波输出曲线脉冲波形规则，脉冲的幅值参差不齐；工频正、负半周的上升沿和下降沿都有放电脉冲的幅值参差不齐现象；放电量随着电压的升高和作用时间的增长而变大。图 3-15 中，上曲线为特高频探头检波输出波形，中曲线为工频相位，下曲线为局放仪采集的信号。

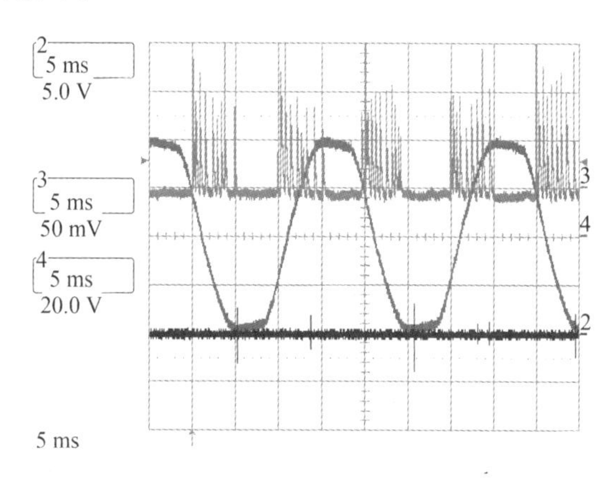

图 3-15　自由金属颗粒放电波形

3.1.4　油中溶解气体检测

自从 1952 年 Martin 等人提出气相色谱法以来，其很快被广泛应用于石油、化工研究和生产。1961 年，Pugh 和 Wagner 等人率先提出用气相色谱法检测变压器绝缘油中的气体，这为以后应用气相色谱法检测变压器早期故障奠定了基础。变压器油气色谱在线监测用来监测分析变压器油中溶解气体的组分及浓度，其原理是油中的固体有机绝缘材料（纸和纸板等）在运行电压作用下，因电、热、氧化和局部电弧等多种因素作用会逐渐变质，裂解出包括 H_2、CO、CH_4、C_2H_2、C_2H_4、C_2H_6 在内的多种气体。

分析油中溶解气体的组分和含量是监视充油电气设备是否安全运行的最有效的措施之一。该方法适用于检测充有矿物绝缘油和以纸或层压纸板为绝缘材料的电气设备。主要监测对判断充油电气设备内部故障有价值的气体，即氢气（H_2）、甲烷（CH_4）、乙烷（C_2H_6）、乙烯（C_2H_4）、乙炔（C_2H_2）、一氧化碳（CO）、二氧化碳（CO_2）。定义总烃为烃类气体含量的总和，即甲烷、乙烷、乙烯和乙炔含量的总和。

1. 油中溶解气体产气基本原理

绝缘油是由许多不同分子量的碳氢化合物分子组成的混合物，分子中含有 CH_3、CH_2 和 CH 化学基团，并由 C—C 键键合在一起。电或热故障可以使某些 C—H 键和 C—C 键断裂，伴随生成少量活泼的氢原子和不稳定的碳氢化合物的自由基，这些氢原子或自由基通过复杂的化学反应迅速重新化合，形成氢气和低分子烃类气体，如甲烷、乙烷、乙烯、乙炔等，也可能生成碳的固体颗粒及碳氢聚合物（X-蜡）。故障初期所形成的气体溶解于油中，当故障能量较大时也可能聚集成游离气体。

低能量放电性故障，如局部放电，通过离子反应促使最弱的键 C—H 键（338 kJ/mol）断裂，主要重新化合成氢气而积累。对 C—C 健的断裂需要较高的温度（较多的能量），然后迅速以 C—C 键（607 kJ/mol）、C = C 键（720 kJ/mol）和 C≡C 键（960 kJ/mol）的形式重新化合成烃类气体，依次需要越来越高的温度和越来越多的能量。

乙烯是在高于甲烷和乙烷的温度下（大约为 500 °C）生成的（虽然在较低的温度时也有少量生成）。乙炔一般在 800 ~ 1 200 °C 温度下生成，而且当温度降低时，反应迅速被抑制，作为重新化合的稳定产物而积累。因此，大量乙炔是在电弧的弧道中产生的。当然在较低的温度下（低于 800 °C）也会有少量乙炔生成。油起氧化反应会伴随生成少量 CO 和 CO_2，并且 CO 和 CO_2 能长期积累，成为数量显著的特征气体。

纸、层压板或木块等固体绝缘材料分子内含有大量的无水葡萄糖环和弱的 C—O 键及葡萄糖甙键，它们的热稳定性比油中的碳氢键要弱，并能在较低的温度下重新化合。聚合物裂解的有效温度高于 105 °C，完全裂解和碳化高于 300 °C，生成水的同时，会生成大量的 CO 和 CO_2 及少量烃类气体和呋喃化合物，同时油被氧化。CO 和 CO_2 的形成不仅随温度而且随油中氧的含量和纸的湿度增加而增加。

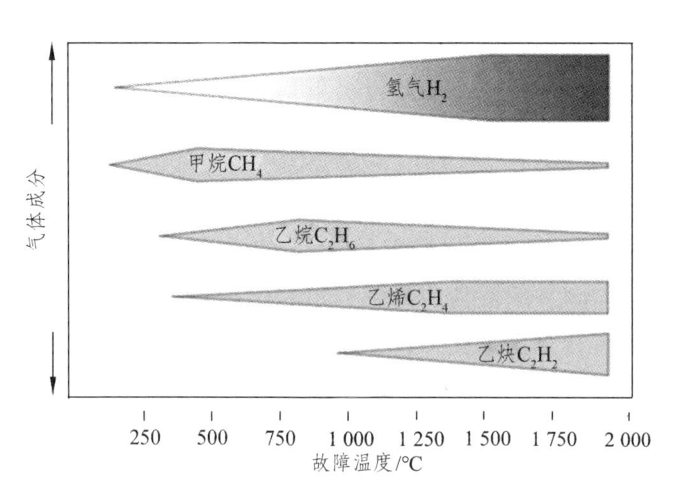

图 3-16 故障气体的产生和故障温度的关系

2. 充油高压设备的故障气体特征

绝缘油里分解出的气体形成气泡，在油里经对流、扩散不断地溶解在油中。这些故障气体的组成和含量与故障的类型及其严重程度有密切关系。因此，分析溶解于油中的气体就能尽早发现设备内部存在的潜伏性故障，并可随时监视故障的发展状况。

不同的故障类型产生的主要特征气体和次要特征气体归纳如表 3-2 所示。

表 3-2 不同故障类型产生的气体

故障类型	主要气体组成	次要气体组成
油过热	CH_4，C_2H_4	H_2，C_2H_6
油和纸过热	CH_4，C_2H_4，CO，CO_2	H_2，C_2H_6
油纸绝缘中局部放电	H_2，CH_4，CO	C_2H_2，C_2H_6，CO_2
油中火花放电	H_2，C_2H_2	
油中电弧	H_2，C_2H_2	CH_4，C_2H_4，C_2H_6
油和纸中电弧	H_2，C_2H_2，CO，CO_2	CH_4，C_2H_4，C_2H_6

注：进水受潮或油中气泡可能使氢含量升高。

在变压器里，当产气速率大于溶解速率时，会有一部分气体进入气体继电器或储油柜中。当变压器的气体继电器内出现气体时，分析其中的气体，同样有助于对设备的状况做出判断。

3. 气相色谱法

对油中溶解气体故障进行分析，目前主要采用气相色谱法。色谱法（也称色谱分析、色层法、层析法）是一种物理分离方法，它利用混合物中各物质在两相间分配系数的差别，当溶质在两相间做相对移动时对各物质在两相间进行多次分配，从而使各组分得到分离。实现这种色谱法的仪器就叫色谱仪。

色谱法的分离原理主要是，当混合物在两相间做相对运动时，样品各组分在两相间进行反复多次的分配，不同分配系数的组分在色谱柱中的运行速度就不同，滞留时间也就不一样。分配系数小的组分会较快地流出色谱柱，分配系数愈大的组分就愈易滞留在固定相间，流过色谱柱的速度较慢。这样，当流经一定的柱长后，样品中各组分就得到了分离。当分离后的各个组分流出色谱柱而进入检测器时，记录仪就记录出各个组分的色谱峰。

色谱法具有分离效能高、分析速度快、样品用量少、灵敏度高、适用范围广等许多化学分析法无法比拟的优点。

主要检测流程：来自高压气瓶或气体发生器的载气进入气路控制系统，把载气调节和稳定到所需要流量与压力后，流入进样装置把样品（油中分离出的混合气体）带入色谱柱，通过色谱柱分离后的各个组分依次进入检测器，检测到的电信号经过计算机处理后得到每种特征气体的含量。

4. 待测设备油样的采集

完成工作手续之后，进入取油样场地。选取取油样部位，一般应在设备底部取样阀取样，特殊情况下可以在不同位置取样；取油样前应确认设备油位正常，满足取样要求；核对取样设备和容器标签，用干净大布将电气设备放油阀门擦净；用专用工具拧开放油阀门防尘罩。

取油样操作如图 3-17 所示。将三通阀连接管与放油阀接头连接，注射器与三通阀连接；旋开放油阀螺丝，旋转三通与注射器隔绝，放出设备死角处及放油阀的死油（大约 500 mL），并收集于废油桶中；旋转三通与大气隔绝，借助设备油的自然压力使油注入注射器，以便湿润和冲洗注射器（注射器要冲洗 2 ~ 3 次）；旋转三通与设备本体隔绝，推注射器芯子使其排空；旋转三通与大气隔绝，借助设备油的自然压力使油缓缓进入注射器中；当注射器中油样达到 50 ~ 80 mL 时，立即旋转三通与本体隔绝，从注射器上拔下三通，在密封胶帽内的空气泡被油置换之后，盖在注射器的头部，将注射器置于专用样品箱内；拧紧放油阀螺丝及防尘罩，用大布擦净取样阀门周围油污；检查确认油位正常，否则应补油。

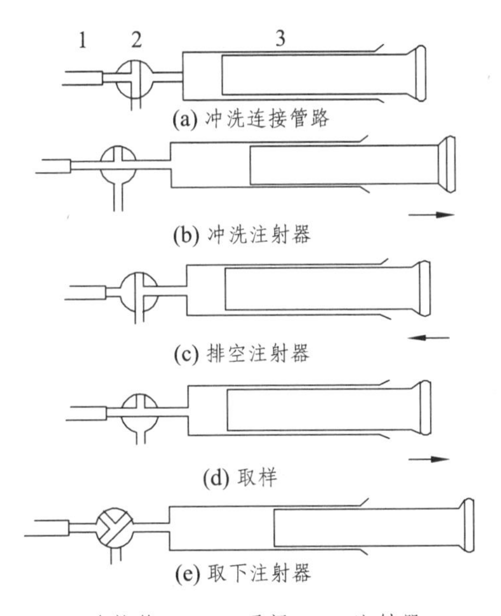

1—连接管；2—三通阀；3—注射器。

图 3-17　用注射器取样示意图

取好的油样应放入专用样品箱内，在运输中应尽量避免剧烈震动，防止容器破碎，尽量避免空运和光照。在运输和保存期间，应保证注射器芯能自由滑动，油样放置不得超过 4 天。

5. 油中溶解气体的检测

因为气相色谱仪只能分析气样，所以必须从油中脱出溶解气体。从油中脱气的方法很多，溶解平衡法以其独特的特点（如操作方便、仪器用品简单、工作介质无毒安全以及准确度高等）被列为对油样脱气的常规方法。

溶解平衡法也称顶空脱气法，目前使用的是机械振荡方式，因此还称机械振荡法。其重复性和再现性均能满足实验要求。

该方法的原理是基于顶空色谱法原理（分配定律），即在一恒温恒压条件下的油样与洗脱气体构成的密闭系统内，通过机械振荡方法使油中溶解气体在气、液两相达到分配平衡。通过测定气体中各组分浓度，并根据分配定律和两相平衡原理所导出的奥斯特瓦尔德（Ostwald）系数计算出油中溶解气体各组分的浓度。

对振荡装置的要求：频率为 270 ~ 280 次/min，振幅为（35+3）mm，控温精度（50 ± 0.3）°C，定时精度+2 min，注射器放置时头部比尾部高出 5°，且出口嘴在下方，位置固定不动。

为了提高脱气效率和降低测试的最低检测浓度，对真空脱气法,一般要求脱气室体积和进油样体积相差越大越好。对溶解平衡法，在满足分析进样量要求的前提下，应注意选择最佳的气、液两相体积比。脱气装置应与取样容器连接可靠，防止进油时带入空气。

气体自油中脱出后，应尽快转移到储气瓶或玻璃注射器中去，以免气体与脱过气的油接触导致各组分有选择性地回溶而改变其组成。对脱出的气样应尽快进行分析，避免长时间地储存而造成气体逸散。要注意排净前一个油样在脱气装置中的残油和残气，以免故障气含量较高的油样污染下一个油样。

气相色谱仪具有对样品的分离、检测功能，同时还对仪器的辅助部分如气路、温度等进行精密控制，它的质量好坏将直接影响分析结果的准确性。

气相色谱仪应具备热导检测器（TCD）（测定氢气、氧气）、氢焰离子化检测器（FID）（测定烃类、一氧化碳、二氧化碳气体转化成德甲烷）、镍触媒转化器（将一氧化碳和二氧化碳转化为甲烷）。其检测灵敏度应能满足油中溶解气体最小检测浓度的要求。气相色谱流程如图 3-18 所示。

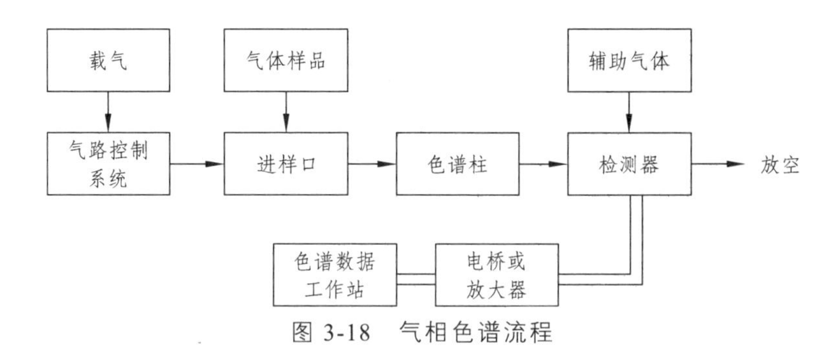

图 3-18　气相色谱流程

气相色谱仪采用外标法计算样品结果，用 1 mL 玻璃注射器 D 准确抽取已知各组分浓度 C_{is} 的标准混合气 0.5 mL（或 1 mL）进样标定，利用工作站确定各组分出峰时间并计算校正因子。

标定仪器应在仪器运行工况稳定且相同的条件下进行，两次标定的重复性应在其平均值的 ± 2% 以内。每次试验均应标定仪器。标气测定谱图如图 3-19 所示。

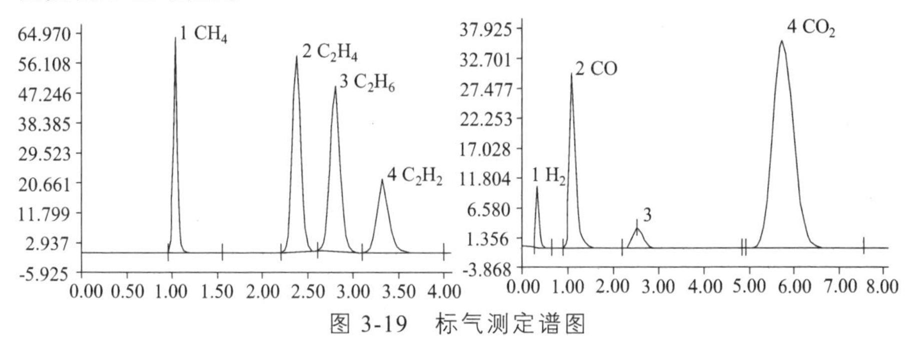

图 3-19　标气测定谱图

油样测试时需在工作站输入试油体积、环境温度、脱气体积、大气压等工况参数。

用 1 mL 玻璃注射器 D 从注射器 A 或气体继电器气体样品中准确抽取样品气 1 mL（或 0.5 mL），进样分析。利用工作站确定各组分含量。

样品分析应与仪器标定应使用同一支进样注射器，取相同进样体积。

根据 GB/T 17623—1998《绝缘油中溶解气体组分含量的气相色谱测定法》提供的计算公式，计算特征气体浓度结果。也可使用专门的色谱工作站软件，正确选择脱气方式，实现自动计算。

3.1.5 输变电设备的其他在线监测系统

电力系统中供电设备种类繁多，数量庞大，目前主要是对变压器、断路器、避雷器和互感器等设备进行实时的在线监测。这些在线监测装置都是为了能更好地帮助电网检修部门分析和判断设备的运行状态，减少工作中的盲目性和随意性。

1. 变压器局部放电在线监测

局部放电（Partial Discharge, PD）既是设备绝缘老化的先兆，也是造成绝缘老化的一个重要原因。大量统计资料表明，影响变压器可靠性的关键因素是绝缘性能的劣化，其中一个重要特征是局部放电信号的变化，油中气体分析法可以从一个方面反映局部放电，而专门对局部放电进行测量也是设备状态监测的一个重要内容，很多故障都可以从放电量和放电模式的变化中反映出来。常用的局部放电检测方法有声学检测、光学检测、化学检测、电气测量等方法。一种常用的局部放电检测法是声学检测法，该方法是将几个高频声学传感器附在变压器箱的外部，这些传感器对局部放电或电弧放电产生的暂态声音信号非常敏感，能够检测出放电信号和放电部位。

例如，国产 JFY-3 型变压器局部放电在线监测系统能连续监测多台大型变压器的局部放电，并具有事故追忆、故障报警和定位等功能。它采用宽带多通道、大容量、高采样率数据采样；运用多种数字信号处理方法抑制干扰，采取电-声联合监测方式，以测定放电点定位。

2. 变压器绝缘在线监测

变压器绝缘在线监测是保证变压器可靠运行的手段之一，变压器绝缘的老化、失效是一个缓慢发展的潜伏性故障。绝缘在线监测系统能够不间断地对变压器的泄漏电流、介质损耗、等值电容、运行电压、环境温度和湿度进行在线监测，最终对绝缘性能是否正常做出评价。变压器绝缘在线监测主要有外壳接地线电流，高、低压套管接地引下线电流和铁芯接地线电流等的监测。

3. 变压器其他附件在线监测

电容套管监测用来检测套管的正常运行电容电流、电容量的变化和介损的变化；外绝缘泄漏电流监测是用来监测变压器套管外绝缘的积污程度，并通过纵向、横向的比较进行判断；铁芯接地在线监测装置能及时监视主变压器铁芯接地的情况。某些大型变压器绝缘在线监测报警装置，能监测 5 000 pC 以上的故障放电及铁芯多点接地故障，自动显示、记录局部放电幅值及工频电流参量、报警次数。

4. 断路器机械性能监测

国外以及我国对高压开关事故的统计分析均表明，80%的高压断路器故障是由于机械特性不良造成的，所以对机械特性的监测显得尤为重要。断路器机械状态监测主要有行程和速度的监测，操作过程中振动信号的监测等。断路器操作时的机械振动信号监测是根据每个振动信号出现时间的变化、峰值的变化，结合分、合闸线圈电流波形来判断断路器的机械状态。

机械性能稳定的断路器，其分、合闸振动波形的各峰值大小和各峰值间的时间差是相对稳定的。振动信号是否发生变化的判别依据是对新断路器或大修后的断路器进行多次分、合闸试验，测试记录稳定的振动波形，作为该断路器的特征波形“指纹”，将以后测到的振动波形，与该“指纹”比较，以判别断路器机械特性是否正常。

根据径向基函数网络理论（RBF 网络），将健康振动信号和断路器实际振动信号波峰幅值之差形成的残差以及冲击事件发生的时间作为断路器故障诊断的特征参数，以此来判断断路器是否故障及故障类型。行程-时间特性监测是指通过光电传感器，将连续变化的位移量变成一系列电脉冲信号，记录该脉冲的个数，就可以实现动触头全行程参数的测量；同时，记录每一个电脉冲产生的时刻值，就可计算出动触头运动过程中的最大速度和平均速度。因此，测得断路器主轴连动杆的分、合闸特性，即可反映动触头的特性。监测储能电机负荷电流和启动次数可反映负载（液压操作机构）的工作状况，也可判断电机是否正常，同时反映液压操作机构密封状况。

5. 断路器触头电寿命监测

利用不同开断电流下的等效磨损曲线，累计每次电流开断所对应的相对电磨损，每台断路器的允许电磨损总量由其额定短路开断电流及允许开断满容量次数来标定，采用触头累积磨损量作为判断其电寿命的依据。有研究表明，影响真空断路器和某些 SF_6 断路器触头寿命的因素，包括灭弧室、灭弧介质和触头三个方面，其中起决定作用的是触头的电磨损。德国频谱化学和频谱应用研究所、科技研究与发展研究所的中央实验室开发的“离子迁移率频谱仪”，由分析传感器系统公司制造，作为 SF_6 气体现场监测的工具，该仪器目前已在巴西的电力部门成功应用。

美国 Consolidated Electronics 公司研制生产的 SM6 系列断路器监测器，能够在线测量 SF_6 气体温度和压力，并连续、实时地计算 SF_6 气体密度，还可监视断路器内加热器、操作电流、气体/液体压力以及跳闸、合闸线圈的工作状况，预测 SF_6 气体泄漏趋势及其他潜在故障。该产品能够有效减少维护工作量，降低维修费用。国内外的研究表明，高压断路器实施状态监测后经济效益显著，1995 年美国电科院与 Com Edison 电厂合作对 10 台机组安装了其状态监测设备，该装置在投运 2 年内所带来的经济效益超过 1 600 万美元。

6. 避雷器在线监测

避雷器是一种过电压保护设备，在电力系统中被广泛应用，最常见的氧化锌避雷器在运行电压下其阀片会逐渐老化或进水受潮。避雷器监测包括全（泄漏）电流监测、阻性电流监测和功率损耗监测。避雷器的运行质量主要是指密封性能与阀片运行稳定性能，其中，密封性主要依靠全（泄漏）电流监测，而阀片运行稳定性主要依靠阻性电流监测。功耗直接反映金属氧化物避雷器（MOV）劣化过程。为了检出受潮和劣化缺陷，避雷器在线监测系统需要密切监视其运行工况，及时发现缺陷。

全电流监测是指在氧化锌避雷器底部与地之间串接全电流监测装置，利用它实行连续在线监测，比较全电流的增长情况，以判断设备是否进水受潮。对阀片内部的接触不良现象，容性电流反映较为灵敏。分析全电流数据要着重进行纵向比较，应注意运行电压、环境温度、相对湿度和表面污秽等因素的影响。

阻性电流监测对阀片的初期老化、受潮等反应比较灵敏，氧化锌避雷器在运行电压和各种过电压作用下会逐渐老化，引起阻性电流增大，所以跟踪、监测阻性电流变化是一个重要手段。当监测阻性电流增加50%时，监测周期应缩短，加强监视；当阻性电流增加一倍时应停电检查，进行验证，测量阻性电流时应注意相间干扰的影响。有学者结合氧化锌避雷器在线监测及大量带电测试的结果与停电试验的数据进行分析，提出了用在线监测和带电测试结果来确定氧化锌避雷器是否需要停电进行直流试验，并据此进行全面性能分析。

由于在线监测会受到系统电压、环境温度、湿度、避雷器外表面污秽、安装位置及电磁干扰等多种因素的影响，因此，应注意测试结果的历次变化，以纵向比较为主，并在考虑其他因素后做出综合判断。

7. 其他设备的在线监测

电容型设备绝缘在线监测是对电容器的电容电流、介质损耗、泄漏电流进行监测。利用现场带电检测仪定期对运行设备的泄漏电流 I_g、介质损耗 $\tan\delta$ 等绝缘参数进行检测可以达到及时发现绝缘缺陷的目的。高压电缆大多以交联聚乙烯作为绝缘材料，优点是电气性能好，高温下热变形小；缺点是劣化后形成水树，极易击穿和破坏绝缘。电缆的带电测试主要是带电劣化诊断，有直流成分法、直流重叠法、带电介质损耗法和复合判断法等多种方法。

绝缘子在运行过程中因长期经受机电负荷、日晒雨淋、冷热变化等作用，可能出现绝缘电阻降低、开裂甚至击穿，对供电可靠性带来潜在威胁。线路绝缘子在线监测因其安装位置的特殊及分布区域的广泛性一直是绝缘在线监测的一个难点。目前，以超声波检测法、激光多普勒振动法及红外热像法为代表的非电量测量法，和以电压分布检测法、绝缘电阻法及脉冲电流法为代表的电量测量法，已被尝试用于解决绝缘子在线监测问题。

3.2 输变电设备状态检测数据的自动获取方法

状态数据是输变电设备健康管理统一数据平台的核心，也是电网企业未来重要的数据资产。可靠的数据来源、准确的数据传输是进行数据统一管理、发挥数据经济效益的前提。为减少现场检测人员作业的工作负担，避免由于人工操作而导致的录入差错，保证输变电设备状态数据获取的准确性，本小节研究了利用移动互联技术实现输变电设备状态测试数据的自动获取方法，研发了一种基于无线通信的智能移动终端，可实现现有大部分检测仪器数据的实时获取和上传，为各类检测设备和云平台建立信息交互的桥梁。

当前，对电力系统供电可靠性的要求越来越高，以状态检测和故障诊断为基础的输变电设备带电检测日渐重要，各类带电检测设备也越来越多，如红外成像仪、紫外成像仪、紫外电晕监测仪、局放检测仪、超声波局放检测仪、特高频局放检测仪等。这些检测试验设备丰富了设备检测的手段，增加了设备检测的便利性，但也相应增加了测试试验人员数据填报、上传及分析汇总的工作量，如能将各类检测试验设备的检测数据自动上传至数据管理平台,那么将大大减少现场测试人员的工作量，减少数据传输所经过的环节，从而减少数据出错的可能性。

无线传输具有安装方便、灵活性强、性价比高等优点，为增加数据传输的便利性，减少现场人员介入的环节，采用无线传输技术对现有测试设备进行改造升级，将传统的检测数据手工录入或手动导入方式改为检测数据自动上传方式。

基于无线互联的测试终端数据自动上传系统如图 3-20 所示。

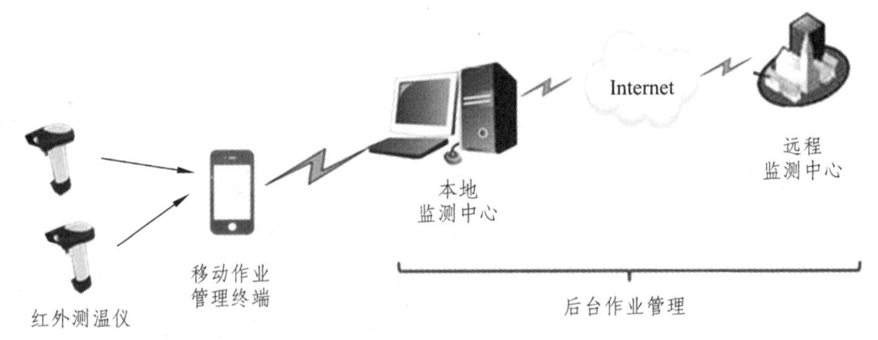

图 3-20　基于无线互联的测试终端数据自动上传系统

3.2.1　基于 WiFi 的测试数据自动上传

为充分利用现有测试设备，减少数据自动上传系统的开发工作量，避免对检测终端做过大的改动，这里考虑直接对检测设备的储存结果进行读取并通过无线技术进行传输。

由于 SD 存储卡（安全数码卡）具有体积小、数据传输速度快、可热插拔等优良特性，现有的检测设备一般都配有 SD 存储卡来完成数据存储功能。为实现 SD 卡存储内容的自动上传，考虑利用内嵌 WiFi 模块的 WiFi SD 卡来替换普通的 SD 卡，利用 WiFi SD 卡建立一个移动的网络热点，移动管理终端通过 WiFi 与该热点相连，完成包括 WiFi SD 卡内文件列表获取、文件下载和文件删除等功能。利用 WiFi SD 卡进行数据无线上传的流程如图 3-21 所示。

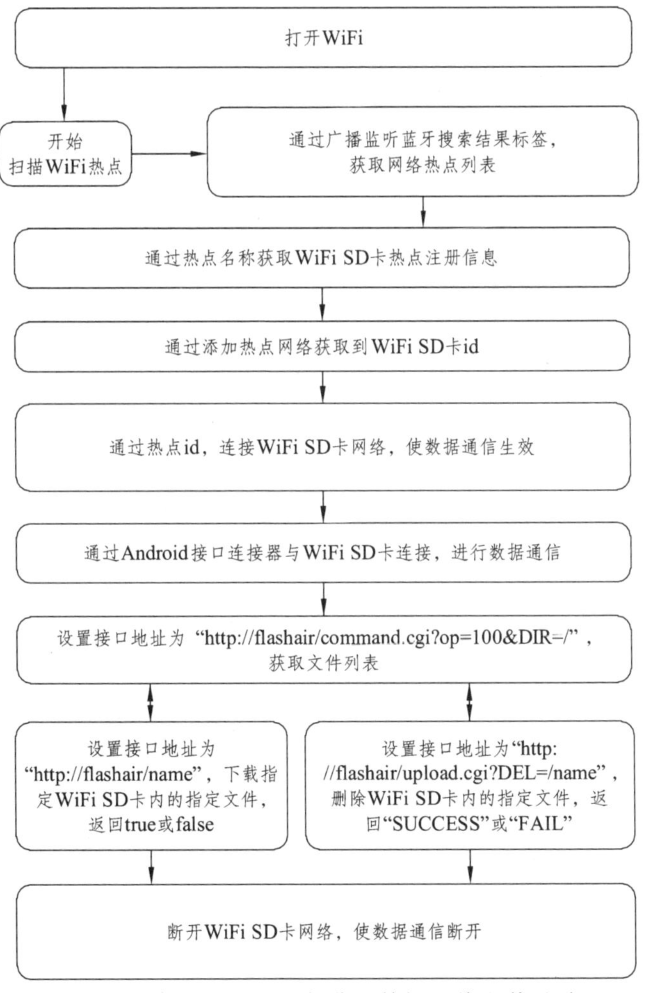

图 3-21　利用 WiFi SD 卡进行数据无线上传的流程

移动管理终端通过注册广播（Broadcast Receiver），实现对Android系统WiFi状态的监听，包括热点搜索（WifiManager.SCAN_RESULTS_AVAILABLE_ACTION）、热点连接状态变化（WifiManager.NETWORK_STATE_CHANGED_ACTION）等。

通过WiFi管理器（WifiManager），获取到设备周围可连接热点列表（ScanResult）和热点名称（ScanResult.SSID），后续创建WiFi热点信息（WifiConfiguration），得到该热点id，最终实现连接（enableNetwork）。移动客户端通过与WiFi SD卡建立连接（URLConnection）并发送CGI指令（http://flashair/command.cgi?op=100&DIR=/）可获取到WiFi SD卡上的文件列表，在后续可对列表中的文件执行下载（http://flashair/name）或删除（http://flashair/upload.cgi?DEL=/name）操作。

3.2.2 基于蓝牙技术的测试数据自动上传

部分检测设备不存在SD卡或设备中SD卡替换较困难，针对此类设备，考虑利用设备提供的供数据拷贝和转移的USB接口，开发具有蓝牙无线连接和传输功能的U盘进行检测设备数据的获取和传输。

智能数据采集终端（蓝牙U盘）与移动管理终端（Pad）APP之间使用蓝牙方式进行数据传输，采集终端以U盘方式接入检测仪器，检测仪器将检测数据文件写入采集终端存储器内，移动APP实时扫描并读取采集终端内的检测数据文件。一台智能采集终端可兼容不同厂家、不同仪器的现场数据收集需要。基于蓝牙U盘的检测数据自动上传原理如图3-22所示。

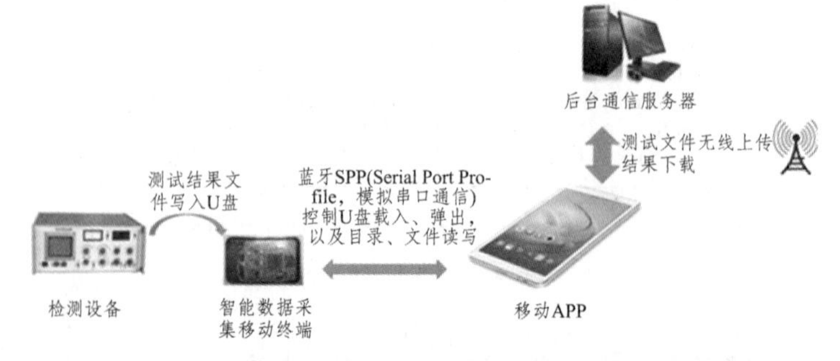

图3-22 基于蓝牙U盘的检测数据自动上传原理示意图

传输蓝牙设备内文件，使用的是BLE（蓝牙低功耗设备）通信协议，移动管理终端和蓝牙数据采集终端之间进行数据传输的流程如图3-23所示。

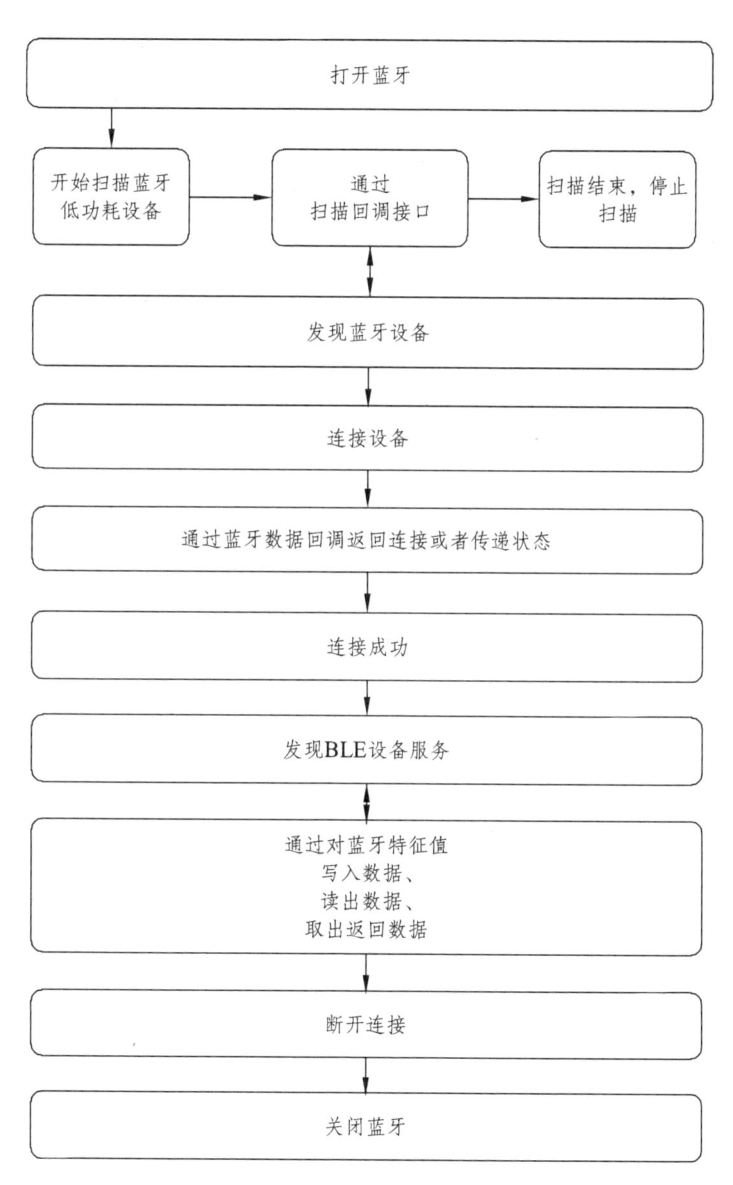

图3-23 利用蓝牙进行数据无线上传的流程示意图

在 Android 移动端，通过系统 API 服务获取到蓝牙管理器(Bluetooth Manager)，并以此蓝牙管理器得到蓝牙适配器（Bluetooth Adapter）与低功耗蓝牙设备扫描器（Bluetooth Le Scanner），开始扫描。与此同时，配置扫描（Scan Callback）回调接口，完成后续发现设备、连接设备并与设备通信等一系列操作。发现设备（Bluetooth Device）后，通过与指定设备连接，获得蓝牙中央处理器来使用和处理数据，通过蓝牙中央处理器可以连接设备（connect），发现服务（discover Services），并把相应地属性返回到蓝牙中央处理器，蓝牙中央处理器回调接口返回蓝牙的状态和周边提供的数据。通过蓝牙中央处理器回调接口实现其中的蓝牙服务发现（on Services Discovered）、蓝牙连接状态变化（on Connection State Change）、蓝牙数据写入（on Characteristic Write）、蓝牙数据读出（on Characteristic Read）、蓝牙数据传输变化（on Characteristic Changed）的方法，完成蓝牙服务创建、连接状态改变、与蓝牙设备读写通信等功能。其中，蓝牙数据特征值（BluetoothGattCharacteristic）作为移动 APP 与蓝牙设备通信的载体，将移动终端发送的命令“运送”至蓝牙设备，同时又将蓝牙设备数据处理结果返回至移动终端。

移动 APP 通过以上协议，完成对蓝牙设备端刷新、获取文件、删除命令的发送、接收蓝牙设备端返回的温湿度数据和所存文件的功能。

蓝牙 U 盘通信程序主要功能如图 3-24 所示。

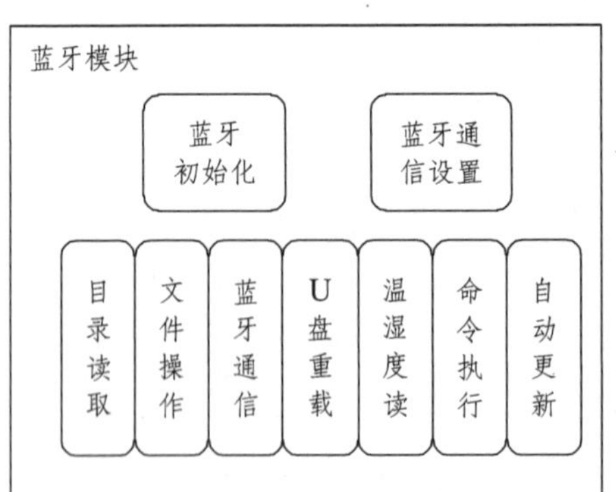

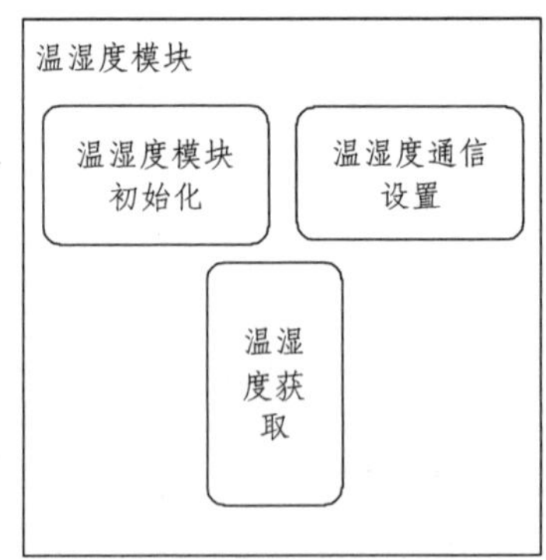

图 3-24　蓝牙智能数据采集终端功能示意图

数据采集移动终端通过 C++程序，实现了 ARM Linux 下蓝牙 SPP

协议通信，包括实现目录浏览、文件读取和删除、温湿度数据读取和发送、U 盘刷新重载、命令执行等功能。各模块功能如下：

（1）蓝牙初始化：主要对与蓝牙模块通信的 UART（通用异步收发传输器）接口的波特率、数据位、停止位、校验位、等待时间等通信参数进行设置，确保其与蓝牙模块能够正常通信。

（2）蓝牙通信设置：可以通过命令方式对蓝牙模块进行设置，包括波特率等通信参数、数据传输模式（命令方式、透传方式）、睡眠模式等。

（3）目录读取：主要刷新读取 U 盘内文件，将目录内容形成文件，并将文件通过蓝牙通信功能模块发送回移动 APP。

（4）文件操作：包括对 U 盘内文件的读取、备份和删除功能。移动 APP 根据目录选择需要操作的文件，发送命令给蓝牙 U 盘，蓝牙 U 盘根据文件操作命令操作 U 盘文件。

（5）U 盘重载：包括系统刷新读取检测装置以写入 U 盘内容，还有重新装载 U 盘驱动，使得检测装置或计算机能够识别系统对 U 盘内容的修改，以确保系统和检测装置对 U 盘操作的同步性。

（6）命令执行：通过特有标识，识别命令指令，并在系统下执行，实现移动 APP 通过远程命令方式对蓝牙 U 盘进行系统命令操作。

（7）自动更新：自动识别 U 盘内更新程序，完成程序自动更新，以及在系统启动时完成 U 盘的自我修复功能。

（8）温湿度读：直接获取缓存中的实时温湿度值，发送给移动 APP。

（9）温湿度模块初始化：主要对与温湿度模块通信的 UART 接口的波特率、数据位、停止位、校验位、等待时间等通信参数进行设置，确保与温湿度模块能够正常通信。

（10）温湿度通信设置：可以通过命令方式对温湿度模块进行设置，包括波特率等通信参数。

（11）温湿度获取：采用独立线程方式，通过接口循环读取实时温湿度检测数据，识别并缓存温湿度数据。

3.2.3 检测设备移动管理终端的开发

为便于现场检测终端数据的传输及管理，开发了便于现场使用的移动管理终端和相应的应用程序，移动管理终端可获取检测设备上的检测数据（蓝牙设备、WiFi SD 卡所保存的数据文件），然后上传给数据平台进行管理。

基于微软 Window10 操作系统、JDK 1.8.0 版本开发环境，使用 Android studio 3.0 作为开发工具，开发了移动管理终端 APP。

移动管理终端 APP 通过 BLE（蓝牙低功耗设备）通信协议与蓝牙设备连接，使用 GATT 协议发送和接收蓝牙特征数据（Characteristic），实现对蓝牙设备上数据文件读写、删除的操作。

移动管理终端 APP 通过网络热点管理器（WifiManager）与 WiFi SD 卡设备所创建的网络热点连接，借助 Android 网络接口（URLConnection）发送 CGI 指令（http://flashair/command.cgi?op=100&DIR=/）可获取到 WiFi SD 卡上的文件列表，在后续可对列表中的文件执行下载（http://flashair/name）或删除（http://flashair/upload.cgi?DEL=/name）操作。

移动管理终端 APP 主要通过 Okhttp3 网络框架，借助 Post 请求、Get 请求和响应等工具类，实现登录、查询、检测数据上传和数据结果下载等功能。

第 4 章

输变电设备状态数据的特征压缩与提取方法

随着智能化建设的不断推进及对电力系统安全稳定运行的要求越来越高，对电力设备状态监测的广度和深度也在不断扩大。输变电设备健康管理统一数据平台获取的数据呈现来源多、信息异构、数量庞大、属性繁多等特点，因此往往会存在不完整、不一致、有干扰、相互冗余等问题。原始的状态数据质量往往不能满足后续分析利用的需要，所以在状态评价或诊断分析之前进行数据清洗和特征压缩是必不可少的。数据清洗通过填充缺失值、平滑噪声数据和识别离群点来提高数据质量，有助于提高数据挖掘过程的准确率和效率。从众多设备状态监测指标中提取最能反映设备状态的关键指标参量，删除无用、重复的状态指标，可以有效地降低设备状态分析的难度，提高监测数据处理效率。

4.1　输变电设备状态数据的来源及其特点

4.1.1　输变电设备状态数据的来源

电力设备的状态监测设备众多，类型也各不相同，采集的状态监测数据的方式也不同[21]，通过对现有各类管理系统的梳理，总结出目前输变电设备状态相关数据的来源，如表 4-1 所示。

表 4-1 多源数据获取

数据来源	数据类型
电力设备状态在线监测数据	主要包括变压器电力主设备的含水量、气体速率、气体组成成分、局部放电量、气体压强等数据；输电线路监测量包括温度、风偏、导地线覆冰、舞动、杆塔倾斜度、导地线弧垂等数据
地理环境、气象条件相关数据	包括电力设备所处地区的地理环境（空气湿度、压强、海拔等信息）、气象条件（雷暴日、降雨量等信息）
电力系统运行统计数据	主要包括电力系统中电流、电压、功率等运行参数和故障时断路器跳闸次数、隔离开关操作情况等信息
电力设备运行检修情况	主要包括电力设备巡视、检修和运行维护信息，电力设备试验、历史缺陷统计数据和历史故障数据等信息
相关的地理信息数据	电力设备所处的空间位置信息及该区域内其他相关状态

过去电力设备的运行状态一般通过一维的状态监测数据进行描述，以监测数据的合理范围来判断设备是否处于正常运行状态，随着其他领域的技术不断被引入电力系统的应用中，监测数据采集系统也变得越来越智能化，监测的范围也不断在拓宽，包括与传统数据有很大不同的视频、声音等格式的数据也加入状态监测中，使得整个监测系统没有统一标准对这些监测数据进行处理，因此需要把电力设备不同类别、不同作用以及不同运用时间的数据建成标准规范多维状态监测数据的聚合模型[22]，如图 4-1 所示。

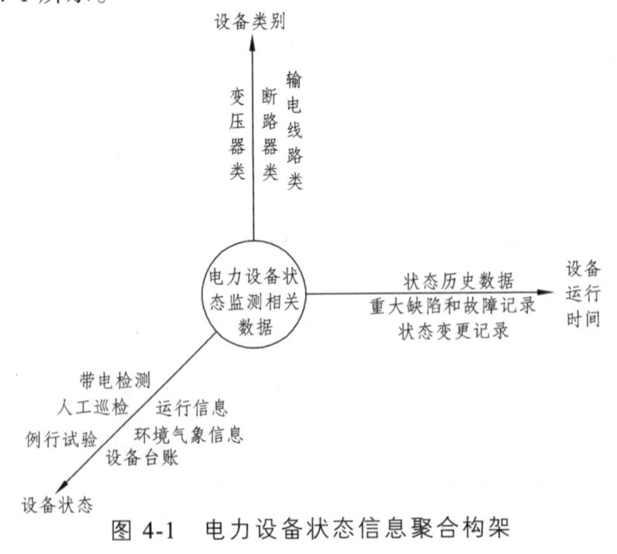

图 4-1 电力设备状态信息聚合构架

电力设备状态坐标轴，包括电力设备在线监测数据、电力设备预防性试验数据、电力设备运行数据，电力设备维修记录、电力设备缺陷状态数据等信息以及电力网络参数分布、电网潮流分布等辅助信息；设备运行时间坐标轴，包括电力设备状态历史运行数据、电力设备故障数据等信息；电力设备类型坐标轴，包括电力系统中重要电力设备，如电力变压器、断路器等。由于数据采集系统的采样频率各不相同，当对电力设备的某一时刻状态进行描述时，往往要涉及如何将监测数据进行互相联系、统一描述。尤其在一定的时间段内，会考虑将电气量监测数据、环境信息、地理位置信息、天气参数等信息进行综合关联分析，所以对电力设备状态记录的分析应选取合适的采样频率，保证在同一时间段内各个类型的监测数据能够对设备状态具有同样的解释和含义。

4.1.2 电力设备状态监测数据特点

电力设备状态监测数据的种类越来越多，这些监测数据对设备运行状态的判断、指导设备的检修与预防起着支撑的作用。针对如今状态监测数据不同于传统的特点，我们应该根据数据自身特点研究出新的方法对其处理分析。总结电力设备状态监测数据的几个特点如下：

1. 设备状态监测数据之间的相关性强

电力系统作为一个高度自动化的整体，从生产的发电侧、对电压变换的变电部分，到各个用电部分，它们都是高度统一的，任何一部分的变化都可能引起其他各个系统的连锁反应，尽管不同电力设备采集数据在时间、方式上都有很大的不同，但是它们作为电力系统的一部分，数据之间都是存在一定关联性的。

这些基本的电力设备虽然功能不同,但设备之间存在密切的相关性。对每一个设备来说，其不只反映本身所要监测的数据，还要反映与其他设备紧紧相关的某一运行状态。通过对设备监测数据之间的相关性分析，可以更好地把握判断电力设备的运行状态，甚至整个电力系统的运行状态都能作为重要的参考信息。但目前还没有很好的方法去分析设备状态监测数据的关系，监测数据之间的相关性并没有真真正正地发挥其应有的价值，传统数据分析方式只对关心的设备状态监测数据或部分设备监测数据进行分析判断，很少将这些“不相关”的监测数据作为一个整体去分析，根据这些监测数据去分析整体设备状态。造成这一现象的最主要原因是：过去传统的设备监测点很少，获取的设备监测数据非常有限，在数据不足的情况下，很难找出监测数据之间的相关性，仅仅借助对设备运行原理的分析计算来指导监测数据处理，而且不能处理前面所提及的非结构化数据，传统的监测数据分析方法大大制约了数据的分析发展，也就不能真正挖掘出监测数据之间的关系。

2. 设备状态监测数据的隐含价值大

电力设备状态监测数据包含了系统的各个方面，所蕴含的信息种类也非常丰富。数据价值体现在以下几个方面：

（1）电力设备监测数据非常详细地描述了整个系统的运行过程，其中包括设备在线监测数据，历史故障数据，设备检修记录等，通过这些监测数据可以从不同的角度去了解电力设备的运行状态。

（2）监测数据之间具有相关性，通过对设备监测数据之间的相关性分析，可以更好地把握判断电力设备的运行状态。

（3）与其他传统监测数据有着最大的不同特点——描述设备状态更加细节化。传统的状态监测数据中，多数监测数据是通过设备管理运行人员对设备巡检、对设备进行试验等得到的，因其方式的落后，相比现在的监测数据来说，传统的监测数据监测的量少，并且测量的间隔时间较长，状态监测数据的“分辨率”低，不可能实时把握设备的运行状态。而如今的监测系统很好地解决了这些问题，能够对设备进行不间断、实时的监测，可以通过数据描述电力设备每个时刻的运行状态。

（4）设备状态监测数据复杂。

电力监测数据种类繁多的特点，就会导致采集的监测数据质量不高。因为对在线监测采集的数据在精度、种类方面要求较高，但是限于技术，在线监测系统对数据的采集一直存在很多的问题，其中监测数据存在较大的干扰、价值小一直是一个难题。电力监测数据的复杂性主要表现在监测数据结构上。设备监测数据中非结构化的监测数据所占比例较大（如

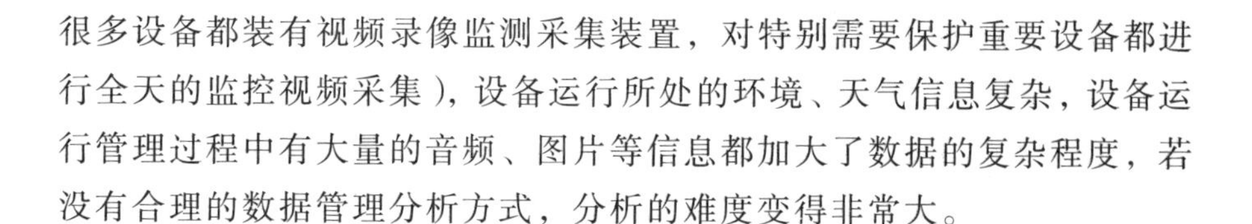
很多设备都装有视频录像监测采集装置，对特别需要保护重要设备都进行全天的监控视频采集），设备运行所处的环境、天气信息复杂，设备运行管理过程中有大量的音频、图片等信息都加大了数据的复杂程度，若没有合理的数据管理分析方式，分析的难度变得非常大。

4.2 基于时间序列分析的设备状态数据清洗方法

4.2.1 状态数据的特点及时间序列方法适用性

输变电设备状态量的检测是由各个传感器来完成的，经过底层的预处理而上传到数据库进行状态评估的原始数据可以认为是按照时间序列排列的特征量数据。这些数据的统一格式为“时间.特征量=数值”。因此，可认为采集的所有状态量形成了一个单元或多元的连续而完整的时间序列[14]，如矩阵 $\boldsymbol{X}$ 所示：

$$\boldsymbol{X}=\begin{bmatrix} X_{11} & X_{12} & \cdots & X_{1h} \\ X_{21} & X_{22} & \cdots & X_{11} \\ \vdots & \vdots & & \vdots \\ X_{l1} & X_{l2} & \cdots & X_{lh} \end{bmatrix} \tag{4-1}$$

式中，X_{lh} 为状态量 l 在 h 时刻的数值。

输变电设备正常运行状态下的状态数据一般呈现如下三种规律，并都可适用于时间序列方法：一、状态量幅值变化较小，如导线拉力、接地电流、油中气体 C_2H_2 等，这些数据都属于平稳序列，可直接用自回归移动平均函数 ARMA（p，q）拟合；二、状态量呈缓慢上升趋势，如油中气体 CO 和 CO_2，可以通过差分方法转化为平稳序列，并用自回归积分移动平均函数 ARIMA（p，d，q）拟合；三、状态量呈周期性变化，在时间序列上表现为 s 个时间间隔后的观测点呈现相似性，如油温、导线线温等，可通过 ARIMA（p，d，q）拟合。

根据输变电设备的运行特点，状态数据中的异常通常表现为两种形式：一、可用于数据清洗的异常，即噪声点和缺失值；二、设备运行状态受到干扰而导致的数据异常。噪声点是指由于仪器异常或设备系统的扰动而引起的严重偏离期望值的数据，这些数据不仅影响模型拟合的精度，而且会导致后续状态评估出现偏差，引起误诊。缺失值是指由于传感器的短时失效、通信端口异常、记录失误等因素引起的数据中断，状态数据中存在的缺失值破坏了系统运行的连续性，不利于后续的状态评估和趋势检验。设备在运行过程中会发生突发性故障、绝缘劣化等，这些常常会引起数据的水平迁移异常和趋势改变性异常，此类数据反映了设备运行工况的异常，不属于清洗范畴。设备状态数据的时间序列中往往含有多个异常数据，修复所有的噪声点和缺失值是设备状态数据清洗的目标，同时也要保证突发性故障信息的有效获取，而不是作为异常数据被剔除。

4.2.2　可用于清洗的异常数据

时间序列中的噪声点可以分为信息异常值（Information Outliers，IO）、附加异常值（Additive Outliers，AO）和两种类型异常值的组合[15]。设 X_t 是无异常值的时间序列，X_t 服从 ARIMA（p，d，q），可表示为

$$X_t = \frac{\theta(B)}{\varphi(B)\nabla^d} a_t \tag{4-2}$$

$$\theta(B) = 1 - \theta_1 B - \theta_2 B^2 - \cdots - \theta_q B^q \tag{4-3}$$

$$\varphi(B) = 1 - \varphi_1 B - \varphi_2 B^2 - \cdots - \varphi_q B^q \tag{4-4}$$

式中，B 为延迟算子；$\theta(B)$ 和 $\varphi(B)$ 分别为没有公共因子的平稳和可逆算子；a_t 为相互独立、具有相同分布 $N(0,\sigma_a^2)$ 的白噪声序列，其中 σ_a 为含异常值的残差的标准差；$\nabla = 1 - B$，适用于所述符合第二和第三种规律的状态数据，即具有趋势性、周期性的时间序列。

用 Z_t 表示观测到的时间序列，那么 T 时刻（脉冲发生时刻）包含噪声点的 ARIMA（p，d，q）可表示为以下 3 种噪声点模型。

1. IO 模型

$$Z_t = X_t + \omega \frac{\theta(B)}{\varphi(B)\nabla^d} I_t^{(T)} = \frac{\theta(B)}{\varphi(B)\nabla^d}\left(a_t + \omega I_t^{(T)}\right) \tag{4-5}$$

$$I_t^{(T)} = \begin{cases} 1 & t = T \\ 0 & t \neq T \end{cases} \tag{4-6}$$

式中，ω 为异常值影响因子；$I_t^{(T)}$ 为脉冲函数。

IO 模型影响了 T 时刻之后的所有观测值，其影响效应与 Z_t 的模型形式有关，通过 $\theta(B)/\varphi(B)$ 所描述的系统动态特性而影响后面的所有观测序列。

2. AO 模型

$$Z_t = X_t + \omega I_t^{(T)} = \frac{\theta(B)}{\varphi(B)\nabla^d} a_t + \omega I_t^{(T)} \tag{4-7}$$

AO 模型只影响该干扰发生的那一时刻 T 的序列值，而不影响该时刻之后的序列值。时间序列中的缺失值可以认为是一种 AO。

3. 多个异常值的混合模型

在通常情况下，一个被观测的时间序列可以在不同的时间点上受不同类型的异常值影响，因此得到下面两种异常值组合的模型：

$$Z_t = X_t + \sum_{j=1}^{k} \omega_j v_j(B) I_t^{(T)} \tag{4-8}$$

$$v_j(B) = \begin{cases} \dfrac{\theta(B)}{\varphi(B)\nabla^d} & \text{IO} \\ 1 & \text{AO} \end{cases} \tag{4-9}$$

式中，k 为异常值个数；ω_j 和 v_j 分别为对应于不同异常值的影响因子和算子。

异常数据会影响时间序列拟合的精度，通过对拟合残差的分析可以将两类异常数据的影响量化。设时间序列拟合的残差为

$$e_t = \pi(B) Z_t \tag{4-10}$$

$$\pi(B) = \frac{\varphi(B)\nabla^d}{\theta(B)} = 1 - \pi_1 B - \pi_2 B^2 - \cdots \tag{4-11}$$

式中，$\pi(B)$ 为表征残差影响的算子。

在观测到的时间序列 Z_t 中存在异常数据时，拟合残差序列 e_t 可以表示为

$$e_{t,\text{AO}} = \omega \pi(B) I_t^{(T)} + a_t \tag{4-12}$$

$$e_{t,\mathrm{IO}} = \omega I_t^{(T)} + a_t \tag{4-13}$$

式（4-12）和（4-13）分别表示了异常数据为 AO 和 IO 时，拟合残差序列与白噪声序列的关系。将式（4-12）用矩阵的方式扩展开来，对长度为 n 的时间序列，满足

$$\begin{bmatrix} e_{1,\mathrm{IO}} \\ \vdots \\ e_{T-1,\mathrm{IO}} \\ e_{T,\mathrm{IO}} \\ e_{T+1,\mathrm{IO}} \\ \vdots \\ e_{n,\mathrm{IO}} \end{bmatrix} = \omega \begin{bmatrix} 0 \\ \vdots \\ 0 \\ 1 \\ -\pi_1 \\ \vdots \\ -\pi_{n-T} \end{bmatrix} + \begin{bmatrix} a_1 \\ \vdots \\ a_T \\ a_{T+1} \\ a_{T+2} \\ \vdots \\ a_n \end{bmatrix} \tag{4-14}$$

由于 a_t 是白噪声序列，根据式（4-14）由最小二乘理论算得异常值 AO 对时间序列拟合的影响为

$$\hat{\omega}_{\mathrm{AO}} = \frac{e_{T,\mathrm{AO}} - \sum_{i=1}^{n-T} \pi_i e_{T+i,\mathrm{AO}}}{\sum_{i=1}^{n-T} \pi_i^2} \tag{4-15}$$

同理，异常值 IO 对时间序列拟合的影响为

$$\hat{\omega}_{\mathrm{IO}} = e_{T,\mathrm{IO}} \tag{4-16}$$

因此，在时刻 T，IO 对时间序列拟合影响的最好量化估计是残差 $e_{T,\mathrm{IO}}$，而 AO 影响的最好量化估计是残差 $e_{T,\mathrm{AO}}, e_{T+1,\mathrm{AO}}, \cdots, e_{n,\mathrm{AO}}$ 的线性组合，其权值依赖于时间序列的结构。

时间序列中异常值的存在将使得参数估计产生严重偏差，这些偏差根据异常值 AO 和 IO 对时间序列的影响（4-15）、（4-16），可以综合成异常数据的检验统计量，当检验统计量超过一定值时，可以判断其对应的时刻 T 存在异常值。每个观测点的 AO 和 IO 的检验统计量如下：

$$T_{\mathrm{IO}}^{t'} = \frac{\hat{\omega}_{\mathrm{IO}}}{\sigma_a} \tag{4-17}$$

$$T_{\mathrm{AO}}^{t'}=\frac{\hat{\omega}_{\mathrm{AO}}}{\sigma_a}\sqrt{\sum_{i=T}^{n}\pi_i^2} \tag{4-18}$$

式中，t' 为异常数据产生的时刻。

通过对输变电设备突发性故障的统计分析[16,17]可知，故障时其状态数据往往会产生水平迁移和快速变化的趋势，这种情况下状态数据用式（4-10）拟合时在某一时间点后的残差序列均远大于之前的值，因此可直接判断数据不可做清洗，只能通过时间序列干预模型进行拟合。状态数据的两种干预响应结构如下：

（1）反映水平迁移的干预响应结构为

$$\omega B^b S_t^{(T)} \tag{4-19}$$

$$S_t^{(T)}=\begin{cases}0 & t<T\\ 1 & t\geqslant T\end{cases} \tag{4-20}$$

式中，$S_t^{(T)}$ 为阶跃函数；b 为延迟时间。

该结构说明输入的干预变量是 $S_t^{(T)}$，输出的状态量延迟 b 后做出反应且强度为 ω，之后不再回到之前的状况。这类干预影响反映了状态量的水平迁移，如变压器对地绝缘故障时铁芯接地电流迅速变大而超过限值（100 mA）等。

（2）反映趋势改变的干预响应结构为

$$\frac{\omega B^b}{1-\delta B}S_t^{(T)} \tag{4-21}$$

式中，δ 为延迟算子的相应参数。

该结构常常用来表示趋势性状态量的趋势变化。如反映变压器固体绝缘的 CO/CO_2，在正常情况下其数值是缓慢上升的，当固体绝缘遭到破坏而导致劣化加速时，CO 数值会呈快速上升趋势，时间序列的斜率比正常情况下大很多，在对 CO 的时间序列做一阶差分后符合该类干预影响结构。

4.2.3 状态数据清洗步骤

设备状态信息获取方式的多样性及采集间隔的不确定性使得各状态量时间序列的参数是未知的，异常数据产生的时刻 T 也是不确定的，因此时间序列模型的搭建、模型参数估计、异常数据类型识别是必不可少的数据清洗步骤。由于异常数据的存在将使时间序列参数的估计产生偏差，因此，针对噪声点出现时刻与个数未知、模型参数没有预先给定的情况，使用迭代检验的方法对观测时间序列进行数据清洗，共分为 7 个步骤，如图 4-2 所示。

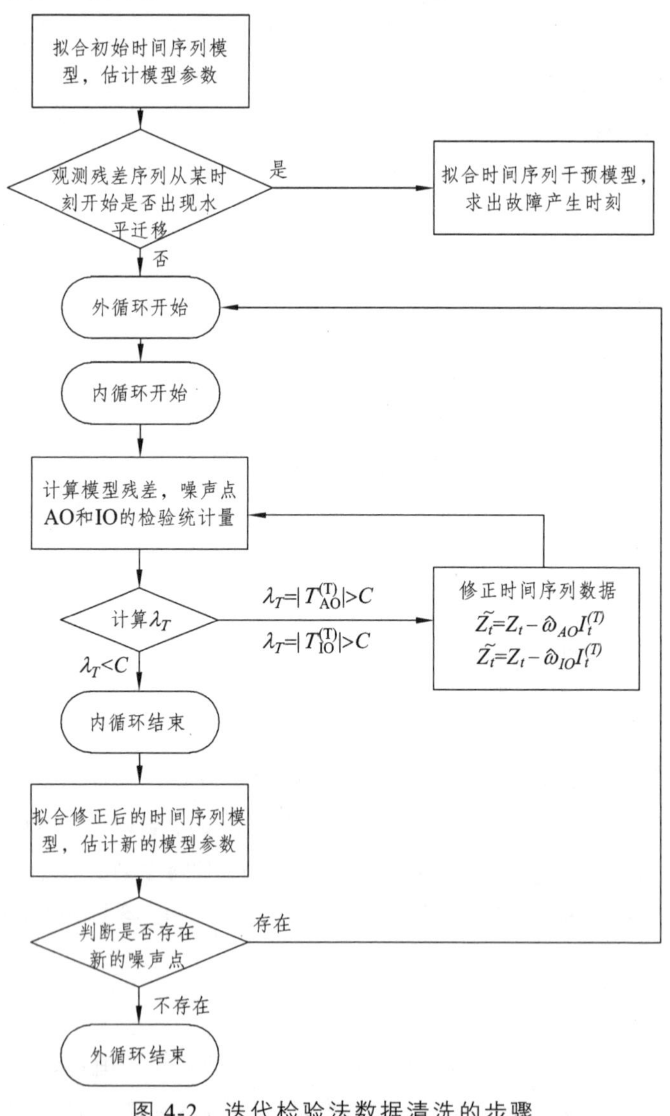

图 4-2　迭代检验法数据清洗的步骤

步骤 1：假定不存在异常值，对观测序列 Z_t 建立时间序列模型，并由所估计的模型计算初始残差，即

$$\hat{e}_t = \hat{\pi}(B)Z_t = \frac{\hat{\varphi}(B)\nabla^d}{\hat{\theta}(B)}Z_t \tag{4-22}$$

式中，$\hat{e}_t$ 为初始拟合的残差序列；$\hat{\pi}(B)$ 为 $\pi(B)$ 的初始值；$\hat{\theta}(B)$ 和 $\hat{\varphi}(B)$ 分别为初始拟合的平稳和可逆算子。

残差方差的初始估计为

$$\hat{\sigma}_a^2 = \frac{1}{n}\sqrt{\sum_{t=1}^{n}\hat{e}_t^2} \tag{4-23}$$

步骤 2：观测拟合残差序列，若从某时间点开始残差序列呈现水平迁移或快速变化，并远大于之前的残差值，则原始时间序列需采用干预模型拟合，跳至步骤 7，否则跳至外循环。

步骤 3：在外循环中，利用已估计的模型，对 t=1，2，…，n，计算每个观测点的检验统计量 T_{AO}^t 和 T_{IO}^t，定义 $\lambda_{T_{\max}} = \max\left\{\left|T_{\mathrm{AO}}^t\right|,\left|T_{\mathrm{IO}}^t\right|\right\}$，这里 $T_{\max}$ 为最大值发生的时刻。当 $\lambda_{T_{\max}} > C$ 时（C 为预先设定的常数，通常取 3 和 4 之间），则说明存在异常数据，进入内循环修正数据。

步骤 4：在内循环中修正数据。

当 $\lambda_{T_{\max}} = \left|T_{\mathrm{AO}}^{T_{\max}}\right| > C$ 时，可以确定在时刻 $T_{\max}$ 存在异常数据 AO，其对模型拟合的影响 $\hat{\omega}_{\mathrm{AO}}$ 可通过式（4-15）求得。通过式（4-7）修正原始时间序列数据，得到新的时间序列为

$$\tilde{Z}_t = Z_t - \hat{\omega}_{\mathrm{AO}} I_t^{(T)} \tag{4-24}$$

并由式（4-12）修正得到新的残差为

$$\tilde{e}_{t,\mathrm{AO}} = \hat{e}_t - \hat{\omega}_{\mathrm{AO}}\hat{\pi}(B) I_t^{(T)} \tag{4-25}$$

当 $\lambda_{T_{\max}} = \left|T_{\mathrm{IO}}^{T_{\max}}\right| > C$ 时，可以确定在时刻 $T_{\max}$ 存在异常数据 IO，其对模型拟合的影响 $\hat{\omega}_{\mathrm{IO}}$ 可通过式（4-16）求得。 通过式（4-5）修正数据，则 IO 的影响可以消除，即

$$\tilde{Z}_t = Z_t - \frac{\hat{\theta}(B)}{\hat{\varphi}(B)\nabla^d}\hat{\omega}_{\mathrm{IO}} I_t^{(T)} \tag{4-26}$$

并由式（4-13）修正得到新的残差为

$$\tilde{e}_{t,\mathrm{IO}} = \hat{e}_t - \hat{\omega}_{\mathrm{IO}} I_t^{(T)} \tag{4-27}$$

使用迭代的方法识别并修正时间序列所有的噪声点。在修正后的残差 $\tilde{e}_{t,\mathrm{AO}}$、$\tilde{e}_{t,\mathrm{IO}}$ 和残差标准差 $\hat{\sigma}_a^2$ 的基础上再次计算每个观测点的检验统计量 T_{AO}^t 和 T_{IO}^t，并重复步骤 4，直到所有异常数据都被识别出来。当 $\lambda_{T_{\max}} < C$ 时，则说明此步外循环已修复异常数据，内循环结束。

步骤 5：假设在内循环结束后有 K 个异常数据在时刻 $T_1, T_2, \cdots, T_k$ 被识别出，其影响分别为 $\tilde{\omega}_1^{(1)}, \tilde{\omega}_2^{(1)}, \cdots, \tilde{\omega}_k^{(1)}$，同时异常数据被修正而得到新的时间序列 $\tilde{Z}_t^{(1)}$。此时重新回到步骤 3，进入外循环，根据式（4-2）重新估计该时间序列参数 $\hat{\theta}^{(1)}(B)$、$\hat{\varphi}^{(1)}(B)$ 和 $\hat{\pi}^{(1)}(B)$，并根据式（4-22）得到时间序列模型残差为

$$\hat{e}_t^{(1)} = \tilde{\pi}^{(1)}(B)\left(\tilde{Z}_t^{(1)} - \sum_{j=1}^{K} \omega_j^{(1)} \tilde{v}_j^{(1)}(B) I_t^{(T_j)}\right) \tag{4-28}$$

$$\tilde{v}_j^{(1)}(B) = \begin{cases} \dfrac{\tilde{\theta}^{(1)}(B)}{\tilde{\varphi}^{(1)}(B)\nabla^d} & \mathrm{IO} \\ 1 & \mathrm{AO} \end{cases} \tag{4-29}$$

根据重新估计的时间序列参数计算检验统计量，当 $\lambda_{T_{\max}} < C$ 时外循环结束，当 $\lambda_{T_{\max}} > C$ 时重新进入内循环，直到所有的异常数据都被修复。

步骤 6：在最后一次外循环结束时，针对修正了噪声点的时间序列 Z_i 进行联合估计，得到拟合异常值的模型，即

$$\tilde{Z}_t = \sum_{j=1}^{k} \tilde{\omega}_j \tilde{v}_j(B) I_t^{(T_j)} + \frac{\tilde{\theta}(B)}{\tilde{\varphi}(B)\nabla^d} a_t \tag{4-30}$$

式中，参数 $\tilde{\theta}(B)$，$\tilde{\varphi}(B)$，$\tilde{\omega}_j$ 和 $\tilde{v}_j$ 是在最后一次迭代中得到的，该联合估计的目的是验证数据清洗的数学模型是否与真实数据接近，即拟合残差是否属于可接受范围。此时，将式（4-30）中异常时间点的数据作为修正的数据，替代原始数据，而其他时间点仍保留原始数据。

步骤 7：使用式（4-19）和（4-21）的时间序列干预模型拟合原始数据，并求出干预点发生的时间。

4.3 基于主成分分析法的特征压缩与提取

在多组变量之间，当其中两个或者两个以上变量之间存在一定相关关系时，可以认为所分析的研究变量之间具有信息的重叠。主成分分析法通过对研究对象间的相关系数矩阵进行变换，能够找出表征所有变量属性的主要公因子，这样就可以在保留大部分真实信息的情况下，通过少量的数据指标来达到同样的效果。

4.3.1 主成分分析法的基本原理

主成分分析就是对原始变量进行降维的一种方法，其基本原理是将原来所需研究众多具有一定联系的相关指标 $X_1, X_2, X_3, X_4, \cdots, X_P$，通过主成分分析重新组合成一组具有较少个数的互不相关的综合指标 F_N 来代替原来指标。对原始指标进行的综合表示，使得新的变量能够最大限度地代表原变量 X_P 所代表的信息，又能保证新指标之间保持相互独立，所包含的数据信息没有重叠[26]。

令变量 F_1 表示原变量 $X_1, X_2, X_3, X_4, \cdots, X_P$ 的第一个线性组合所形成的主成分指标，即 $F_1 = a_{11}X_1 + a_{21}X_2 + \cdots + a_{p1}X_p$，所有成分的线性方程如下：

$$\begin{cases} F_1 = a_{11}X_1 + a_{12}X_2 + \ldots + a_{1p}X_p \\ F_2 = a_{21}X_1 + a_{22}X_2 + \ldots + a_{2p}X_p \\ \quad \ldots\ldots \\ F_n = a_{n1}X_1 + a_{n2}X_2 + \ldots + a_{np}X_p \end{cases} \tag{4-31}$$

主成分分析方法成立有以下两个条件：

（1）$\text{cov}(F_i, F_j)=0$，即 F_i, F_j 是相互独立的。

（2）F_1 是 $X_1, X_2, X_3, X_4, \cdots, X_P$ 在所有的线性组合中方差最大的。由上述可知该主成分蕴含的数据信息量最多。因子 F_i 的方差贡献率反映了该主成分对原有变量的总方差解释能力，方差越大说明相应因子的重要性也越高。

主成分分析以损失最少的数据信息丢失为前提条件，将众多的原有变量综合成较少的几个综合指标，通常综合指标（主成分）有以下几个特点[27]：

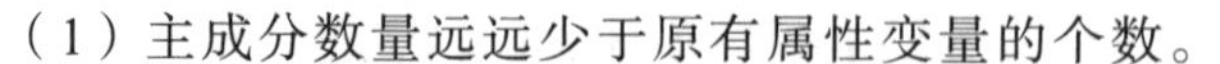

（1）主成分数量远远少于原有属性变量的个数。

主成分是对原有属性变量的综合，因此得到新的属性变量远远少于原有的变量，新的属性变量也能够替代原有的属性数据进行数学建模，可以极大地减少建模过程中需要计算的数据量。

（2）主成分蕴含了原始数据的绝大部分信息。

主成分并不是对原有属性变量的简单取舍，而是对原有变量进行综合的结果，新组成的变量不但不会造成原有变量信息的大量损失，而且能够表征原有变量属性的大部分状态信息。

（3）主成分之间相互独立。

通过计算得到的几个主成分之间是相互独立的，综合成少数的因子能够涵盖大部分原始数据信息，利用提取后的数据对所要研究对象进行建模分析，能够很好地解决属性变量之间存在信息重叠带来数据分析处理的难题。

4.3.2　基于改进主成分分析法的特征压缩与提取

1. 状态指标参量矩阵的建立

传统的主成分分析对设备状态指标的特征提取是直接依据状态监测数据建立指标相关矩阵来进行的，如文献[52]中利用变压器油中溶解气体分析数据、绝缘油试验数据、电气试验数据建立主元分析数学模型，利用主成分分析分别对建立的模型进行求解，提取出主成分中载荷较大的指标，从而达到减少变压器状态评估指标的效果。

分别选取设备状态指标参量，对每个状态指标参量进行量化，可构建指标参量量化矩阵，即 $\boldsymbol{X}=\left[X_1,X_2,\cdots,X_n\right]$。

2. 状态数据的预处理

因为所选的变量矩阵量纲往往不同，所以在做主成分分析计算之前应该先消除量纲的影响。消除数据的量纲方法有很多种，最常用的方法是将原始数据进行标准化，即对数据进行如下的变换：

$$x_{ij}=\frac{x_{ij}-\overline{x}_j}{s_j} \tag{4-32}$$

式中，$\bar{x}_j=\frac{1}{n}\sum_{i=1}^{n}x_{ij}$；$s_j^2=\frac{1}{n-1}\sum_{i=1}^{n}(x_{ij}-\bar{x}_j)^2$。其中，$i=1,2,\cdots,n$; $j=1,2,\cdots,p$。

根据协方差的原理，任何变量对其做标准化变换后，对数据矩阵进行标准化后的变量协方差矩阵就是其相关系数矩阵，标准化后的协方差相关系数是等价的。

3. 状态指标参量矩阵求解

求解上述相关系数矩阵，根据$|\lambda I-R|=0$，求出该矩阵的特征值以及特征向量，并使其按大小顺序排列$\lambda_1\geqslant\lambda_2\geqslant\lambda_3\geqslant\cdots\geqslant\lambda_P$；分别求出对应于特征值$\lambda_i$的特征向量$e_i$，其中$\|e_i\|=1$。选择主成分个数的标准要按照主成分向量的特征值来执行。假设主成分向量的特征值小于某个数值时，就说明它无法解释任何一个指标，所以在选取特征值的时候，应该选择特征值大的因子来作为主成分。

计算累计方差贡献率及确定主成分个数，方差贡献率反映了变量相关性变换后每个主成分所包含的数据信息含量，主成分贡献率越大，该公共因子包含的数据信息含量也就越大，该因子也就越重要。

方差贡献率：

$$\frac{\lambda_i}{\sum_{k=1}^{p}\lambda_k} \tag{4-33}$$

累计方差贡献率：

$$\frac{\sum_{k=1}^{i}\lambda_k}{\sum_{k=1}^{p}\lambda_k} \tag{4-34}$$

累计方差贡献率表征了蕴含原始数据信息的多少，一般情况下选择主成分的个数需保证所选择的主成分的累积贡献率应该达到85%以上，可以认为即保留原始数据信息又可以通过主成分来分析解决问题。

4. 状态监测指标的特征提取

求取主成分载荷：

$$A=\left(\sqrt{\lambda_1}\alpha_1,\sqrt{\lambda_2}\alpha_2,\sqrt{\lambda_3}\alpha_3,\cdots,\sqrt{\lambda_m}\alpha_m\right) \tag{4-35}$$

式中，$\lambda_1,\lambda_2,\lambda_3,\cdots,\lambda_m$ 为特征值，$\alpha_1,\alpha_2,\alpha_3,\cdots,\alpha_m$ 为特征向量

计算各指标变量权重，对选出的 m 个主成分进行分析，求出主成分中各状态指标参量的权重 H，然后按照各状态指标参量的大小进行排名，各指标权重公式如下：

$$H=\sqrt{\lambda_1}\alpha_1+\sqrt{\lambda_2}\alpha_2+\sqrt{\lambda_3}\alpha_3+\cdots\sqrt{\lambda_m}\alpha_m \tag{4-36}$$

将求出各状态指标参量的权重 H 进行归一化，到[0，1]，权重越大的状态指标参量说明相关性越强，表示该状态指标参量就在众多指标中越具有代表性。对电力设备状态指标进行特征提取，应当以各状态指标参量的权重结合实际要求，对设备状态关键参量进行特征提取，最后得到设备状态关键指标参量。

根据上述特征提取的原理，电力设备状态指标的特征提取步骤总体流程如图 4-3 所示。

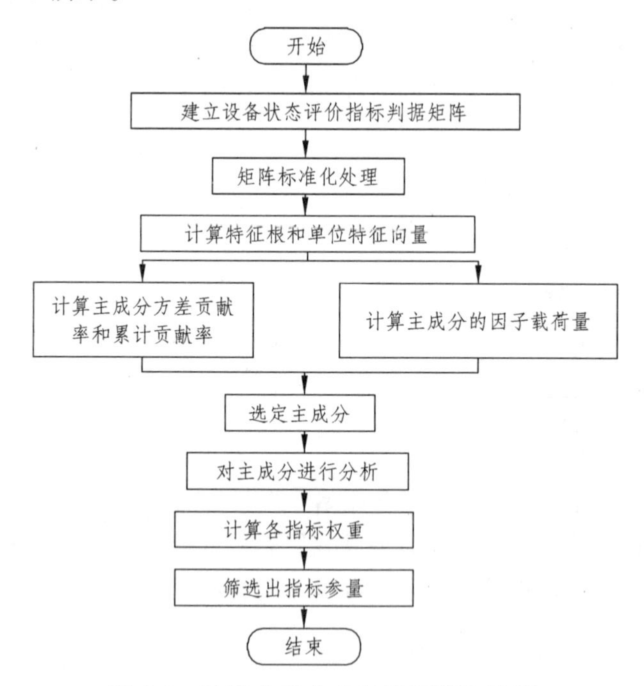

图 4-3　改进主成分分析特征提取流程

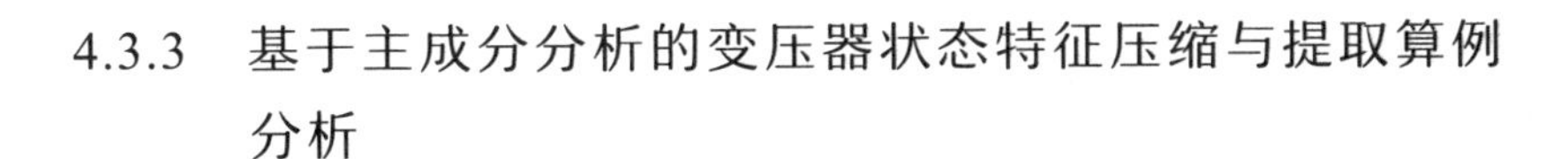

4.3.3 基于主成分分析的变压器状态特征压缩与提取算例分析

本节以电力典型重要设备变压器为例，以变压器状态监测指标参量作为研究对象，运用上述改进主成分分析方法提取变压器关键参量，为电力设备状态监测指标参量的特征提取提供详细应用思路。

1. 变压器状态指标参量的选取

变压器指标的选取须结合实际，参考电网历年故障历史数据统计，结合国家电网公司《油浸变压器状态评价导则》（2011）以及《油浸变压器状态检修导则》[28]对指标的规定，选取的指标参量如表 4-2 所示。

表 4-2　变压器指标参量

序号	状态参量	序号	状态参量
X_1	吸收比	X_{12}	绕组频响
X_2	绕组短路阻抗初值差	X_{13}	油中含水量
X_3	绕组绝缘介损	X_{14}	油击穿电压
X_4	绕组直流电阻互差	X_{15}	油中含气量
X_5	绕组泄漏电流	X_{16}	油界面张力
X_6	绕组电容量初值差	X_{17}	体积电阻率
X_7	极化指数	X_{18}	糠醛含量
X_8	铁芯接地电流	X_{19}	局部放电
X_9	铁芯绝缘电阻	X_{20}	绝缘油介损
X_{10}	铁芯空载损耗	X_{21}	纸板聚合度
X_{11}	绕组变比值	X_{22}	油流带电

2. 变压器状态关键参量的特征提取

在对电力变压器进行状态评估时，状态评估指标参量过多，会影响状态评估的速度和分析难度，对状态指标参量进行特征提取、删除冗余状态指标变量能提高评估效率。基于上一节中改进主成分分析对变压器状态指标参量进行特征提取，可以提取出变压器状态的主要特征参量。

本节以变压器状态指标参量统计数据为例，根据表 4-2 建立变压器状态性能指标参量判据矩阵，数据如表 4-3 所示。

表 4-3　对应指标参量百分比

指标序号	指标参量	故障/%	紧急/%	一般/%
1	吸收比	8.3	9.2	5.2
2	绕组短路阻抗初值差	11.5	0	5.7
3	绕组绝缘介损	23.3	8.5	12.5
4	绕组直流电阻互差	30.2	11.4	21.4
5	绕组泄漏电流	0	0	0.5
6	绕组电容量初值差	12.8	0	4.7
7	极化指数	8.1	1.4	6.7
8	铁芯接地电流	12.5	7.6	14.2
9	铁芯绝缘电阻	28.7	9.5	10.4
10	铁芯空载损耗	0	0	1.2
11	绕组变比	0	0	0.8
12	绕组频响	0	0	1.1
13	油中含水量	26.3	22.2	15.3
14	油击穿电压	18.6	9.7	5.6
15	油中含气量	39.5	23.2	10.7
16	油界面张力	0	4.5	3.1
17	体积电阻率	36.8	17.2	12.3
18	糠醛含量	13.8	3.2	8.9
19	局部放电	21.1	8.9	3.1
20	绝缘油介损	42.1	11.2	28.6
21	纸板聚合度	11.5	0	3.2
22	油流带电	10.8	0	2.1

通过表中数据构成量化矩阵，并运用 SPSS 软件对上述指标参量判据矩阵进行主成分分析，得到相应的特征值与方差贡献率，如表 4-4 所示。

表 4-4　主成分特征值与方差贡献率

主成分	特征值	方差贡献率/%	累计方差贡献率/%
1	14.275	64.887	64.887
2	7.725	35.113	100.000
3	0	0	100.000
4	0	0	100.000
5	0	0	100.000
6	0	0	100.000
7	0	0	100.000
8	0	0	100.000
9	0	0	100.000
10	0	0	100.000
11	0	0	100.000
……	……	……	……
22	0	0	100.000

通过表 4-4 可知，特征值 λ_1 为 14.275，λ_2 为 7.725，前两个主成分累计方差贡献率分别为 64.89%、35.11%，涵盖了原始数据将近百分之百的信息量，因此选择了前两个主要成分进行分析，对应的因子载荷矩阵如表 4-5 所示。

表 4-5　因子载荷矩阵

序号	第一主成分载荷	第二主成分载荷	序号	第一主成分载荷	第二主成分载荷
1	0.268	−0.964	12	−0.468	0.884
2	−0.468	0.884	13	0.689	0.725
3	0.974	0.226	14	0.847	0.531
4	−0.468	0.884	15	0.939	−0.343
5	0.886	0.464	16	0.863	0.506
6	0.866	0.500	17	0.972	0.234
7	0.937	−0.350	18	0.974	−0.225
8	−0.468	0.884	19	0.989	0.147
9	1.000	0.005	20	−0.963	−0.269
10	0.944	0.329	21	0.761	−0.649
11	0.305	0.952	22	0.885	−0.465

通过式（4-8）可以得出各个指标参量权重，结果如图 4-4 所示。

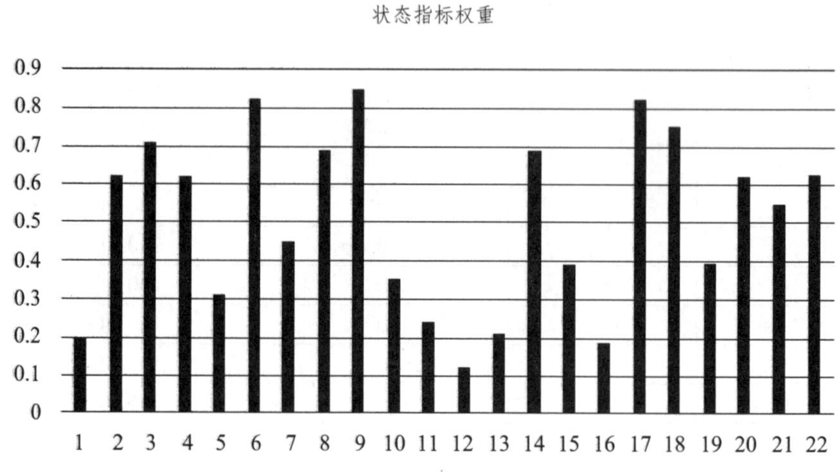

图 4-4　状态指标参量权重大小

将各状态指标权重进行归一化至[0，1]，选择大于 0.5 的基本状态指标参量，依次筛选得到了 12 个变压器关键参量指标，如表 4-6 所示。

表 4-6　变压器状态关键指标参量

指标序号	关键指标参量
X_2	绕组短路阻抗初值差
X_3	绕组绝缘介损
X_4	绕组直流电阻
X_6	绕组电容量初值差
X_8	铁芯接地电流
X_9	铁芯绝缘电阻
X_{14}	油击穿电压
X_{17}	体积电阻率
X_{18}	糠醛含量
X_{20}	绝缘油介损
X_{21}	纸板聚合度
X_{22}	油流带电

4.4 基于因果关联规则的特征压缩与提取

4.4.1 关联规则的基本原理

在关联规则基本理论中，相关概念的定义为：在关联规则中事务总数据库记为 D，D 是所有子集事务 δ 的集合，表示为 $D=\{\delta_1,\delta_2,\cdots,\delta_N\}$。其中，子集事务数记为 $\delta_i=\{\lambda_1,\lambda_2,\cdots,\lambda_N\}$，$\lambda$ 称为项。令 $D=\{\lambda_1,\lambda_2,\cdots,\lambda_j\}$ 是 D 中所有项的集合，在事务数据库 D 中，其所包含某特定 λ 项集 A 的事务的个数记为 $\sigma(A)$，记为 $\sigma(A)=\left|\{\delta_i \mid A\subseteq\delta_i,\delta_i\subseteq D\}\right|$。

关联规则有两个基本衡量度：支持度和置信度。

（1）支持度。支持度的基本定义为 A 和 B 同时出现在一次事务中的比例，即事务数据库 D 中包含 $A\cup B$ 的比例，表示为：

$$S(A\rightarrow B)=P(A\cup B)=\frac{f(A\cup B)}{|D|}\times 100\% \tag{4-37}$$

式中，$|D|$ 表示为总事务数；$f(A\cup B)$ 表示同时包含 A 和 B 的事务数。

（2）置信度。置信度的基本定义为事务库 D 中包含 A 的同时又包含 B 的比例，记为 $P(B\mid A)$，计算公式为：

$$C(A\rightarrow B)=P(B\mid A)=\frac{f(A\cup B)}{f(A)}\times 100\% \tag{4-38}$$

式中，$f(A\cup B)$ 表示同时包含 A 和 B 的事务数；$f(A)$ 表示 A 的事务数。

最小支持度用 $\min(S)$ 表示，表示关联规则的最低有效程度；最小置信度用 $\min(C)$ 表示，表示关联规则的最低可信程度。置信度表示关联规则的可信程度，描述了在满足规则条件的情况下，规则出现的可能性的大小。

4.4.2 基于因果关联规则的特征压缩与提取方法

1. 状态监测指标与故障之间因果关联分析

运用关联规则对电力设备状态监测数据进行特征提取，目的在于找出与设备状态紧密相关的指标参量，即找出与设备状态相关性大的状态指标。通过分析与设备状态紧密相关的指标参量，可以有效地分析设备相应的运行状态。

由电力设备运行状态可知，当某些设备状态指标参量超出警示值时，会引起相应故障的发生，状态指标参量与设备故障之间是存在因果关联关系的，正因为它们之间存在这种相关关系，可以利用它们之间的关联性来分析问题。

此外，部分状态指标可能只是对应一个故障状态，即当发生某一个故障时，与其相应的某个指标必定会超出警示值；另外部分状态指标对应着多个故障，即当某一个故障发生时，相关的指标不一定会超出警示值。通过关联规则找出设备状态与状态指标之间的关系，就是要找出与故障紧密相关的指标参量。依据状态指标参量的支持度与置信度来衡量状态指标参量与设备状态之间紧密关系是一个重点研究的内容，也是作为对电力设备状态指标提取典型参量的一个重要依据。

2. 状态监测指标支持度的计算

通过关联规则找出设备状态与指标参量之间的关系，分析指标参量对设备状态的支持度与置信度，从而就可以知道指标与设备相应状态之间的联系，也就能排除那些关联度小的指标，从而提取出我们需要研究的指标参量。

支持度表示为当电力设备发生故障时，相关指标参量超出警示值的概率，支持度越接近 100%就表明该指标参量与相应故障的紧密程度越大，有效性越高[55]。

以“绝缘受潮”为例，当电力变压器发生绝缘受潮故障时，出现过 6 种现象，包括体积电阻率下降、极化指数下降、绝缘电阻吸收比降低、油中含水量升高、油击穿电压下降、H_2 含量升高。且绝缘受潮出现的故障数为 115 例。

发生故障时，故障现象分别记录为 1 ~ 6，故障统计如表 4-7 所示。

表 4-7 “绝缘受潮”故障统计数据

指标参量	发生绝缘受潮指标超标次数	指标超标总次数
油中含水量	105	287
油击穿电压	102	227
吸收比	95	98
极化指数	101	110
体积电阻率	89	458
H_2 含量	105	489

依据公式（4-37）对表 4-7 中数据进行计算，我们可以得知：

（1）当发生绝缘受潮故障时，油中含水量超标的支持度为：105/115 = 91.30%。

（2）当发生绝缘受潮故障时，油击穿电压超标的支持度为：102/115 = 88.70%。

（3）当发生绝缘受潮故障时，吸收比超标的支持度为：95/115 = 82.61%。

（4）当发生绝缘受潮故障时，极化指数超标的支持度为：101/115 = 87.83%。

（5）当发生绝缘受潮故障时，体积电阻率超标的支持度为：89/115 = 77.39%。

（6）当发生绝缘受潮故障时，H_2 含量超标的支持度为：105/115 = 91.30%。

由支持度的定义可知，它表示当设备指标参量超出警示值时，同时发生相应故障所占的比例。它的比例越高说明该指标对该类型故障的支持度越高，也就是有效性越好。对设备状态监测指标进行特征提取就是要找出设备状态指标参量与故障之间的有效紧密联系，判断状态指标是不是与设备故障状态紧密相关的。

3. 状态监测指标置信度的计算

置信度表征关联规则的可信程度，用来量化设备故障与指标参量间的关系。当指标参量超出警示值时发生相应故障的概率。置信度值越大表示指标参量对相应故障的依赖性、可信度也就越高。

同理依据公式（4-38）对表 4-7 中数据进行计算，我们可以得知：

（1）当发生绝缘受潮故障时，油中含水量超标的置信度为：105/287 = 36.58%。

（2）当发生绝缘受潮故障时，油击穿电压超标的置信度为：102/227 = 44.93%。

（3）当发生绝缘受潮故障时，吸收比超标的置信度为：95/98 = 96.94%。

（4）当发生绝缘受潮故障时，极化指数超标的置信度为：101/110 = 91.82%。

（5）当发生绝缘受潮故障时，体积电阻率超标的置信度为：89/458 = 19.43%。

（6）当发生绝缘受潮故障时，H_2 含量超标的置信度为：115/489 = 21.47%。

从上述计算可以看出，当发生“绝缘受潮”故障时，多个状态监测变量都发生了变化，但是变化的可能性有很多，有的指标变量与该故障程度紧密，当故障出现时，相关指标可能并不会发生变化，指标变量与故障的关系程度小。

根据求出的置信度，依据定义可知在变压器发生绝缘受潮故障时，绝缘吸收比和极化指数极有可能会出现指标超标的情况。同理可以得到，对于类似的电力设备状态监测数据，当所要研究的设备状态指标参量与某一故障状态的置信度非常高时，该指标超出警示值时，认为发生故障的可信程度也就越高。因此可以认为这是设备典型的指标参量，可根据这些典型状态监测量的参数变化情况，对电力设备相应运行状态进行分析。此外还可用该方法对包括电力设备在线监测数据、历史故障数据、电力设备的试验数据、以及电力设备记录当时的天气、地理位置等信息综合分析计算，使得结果更加全面清晰。

4. 状态监测指标关键参量的筛选

支持度和置信度都同时反映电力设备状态指标参量与设备故障之间的关系紧密程度。支持度反映了状态指标参量超标同时，设备相应故障状态发生的概率，即指标参量对设备状态的有效程度；置信度则反映了状态指标参量超出警示值时，发生相应设备故障的可信程度。由于各指标参量反映变压器故障类型、程度不同，即其中一些指标可能只对应其中一种故障，另外一些指标可能对应多种故障。因此当支持度与置信度都达到一定阈值时，可以认为电力设备故障状态与状态指标参量之间是存在一定联系的。[28]

关联规则用来计算支持度与置信度的值，主要包括各个状态指标的支持强度及置信度的计算结果。提取的特征指标主要根据电力设备状态评估的需求和兴趣而提出的两个阈值——最小支持度和置信度的阈值来确定，该阈值用来过滤对分析对象来说不必要的状态监测指标。实际运用过程中可以结合电力设备分布的不同区域，不同类型的电力设备、不同设备运行方式等因素，对上述提出的两个目标值进行不断调整。

在对电力设备状态指标参量筛选之前，需要预先设定两个阈值，分别是最小支持度 $\min(S)$，最小置信度 $\min(C)$，满足条件如下[24]：

（1）$S(A \to B) \geqslant \min(S)$。

（2）$C(A \to B) \geqslant \min(C)$。

在电力状态监测数据特征提取过程中，我们只需关注对电力设备状态监测指标最具有代表性的，最感兴趣的指标参量。因此，根据设备状态统计的数据与结合设备状态的实际运行情况，设置支持度和置信度两者的阈值，筛选出设备最具代表性的关键参量。

电力设备状态监测指标筛选的流程如图 4-5 所示。

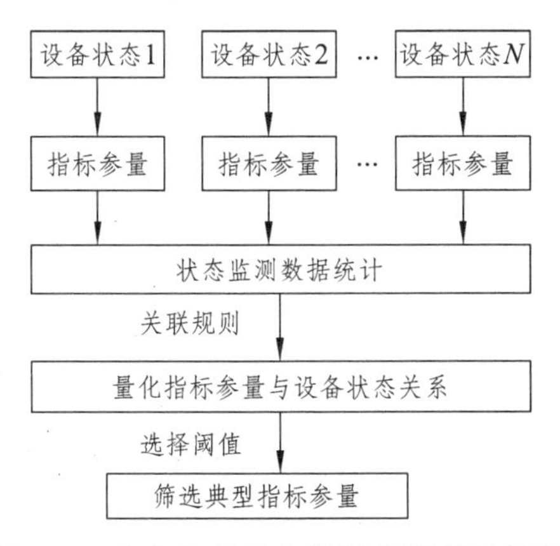

图 4-5　电力设备状态监测指标筛选流程

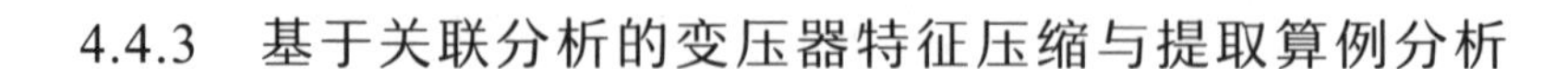

4.4.3 基于关联分析的变压器特征压缩与提取算例分析

1. 变压器状态变量的选取

变压器的状态试验项目包括油中溶解气体试验、电气试验以及绝缘油试验等，根据《电气设备预防性实验规程》中对变压器状态指标的参考，结合已有的故障统计数据，梳理得到 27 个状态指标参量，如表 4-8 所示。

表 4-8　变压器指标参量

序号	状态参量	序号	状态参量
X_1	H_2 含量	X_{15}	绕组绝缘介损
X_2	CH_4 含量	X_{16}	绕组短路阻抗初值差
X_3	C_2H_6 含量	X_{17}	绕组泄漏电流
X_4	C_2H_4 含量	X_{18}	绝缘油介损
X_5	C_2H_2 含量	X_{19}	油中含水量
X_6	CO 相对产气速率	X_{20}	油击穿电压
X_7	CO_2 相对产气速率	X_{21}	体积电阻率
X_8	铁芯接地电流	X_{22}	油中含气量
X_9	铁芯绝缘电阻	X_{23}	局部放电量
X_{10}	铁芯空载损耗	X_{24}	油界面张力
X_{11}	吸收比	X_{25}	糠醛含量
X_{12}	极化指数	X_{26}	纸板聚合度
X_{13}	绕组直流电阻互差	X_{27}	油流带电
X_{14}	绕组电容量初值差	—	—

影响变压器运行状态的指标参数众多，当变压器发生故障时，往往伴随着多个不同的指标参量的变化，同时各指标参量之间也会相互影响。从众多指标参量中提取影响其运行状态的关键参量，须建立具体指标参量与变压器不同故障状态的映射模型，即具体何种指标影响何种运行状态，因此分析变压器不同故障状态与各指标参量之间的关系是变压器关

键参量提取的前提。本文根据变压器实际运行状况并结合已有的研究[58]，将变压器故障状态变量分为以下几类，如表 4-9 所示。

表 4-9　故障类型分类

序号	故障类型	序号	故障类型
F_1	绕组故障	F_6	绝缘老化
F_2	铁芯故障	F_7	绝缘油劣化
F_3	电流回路过热	F_8	局部放电
F_4	绝缘受潮	F_9	油流放电
F_5	电弧放电	—	—

2. 关键指标参量的筛选

依据前面提出的关联规则算法，设置变压器状态指标关键参量提取算法。假设指标参量为 A，故障状态为 B，支持度的基本定义为：A 和 B 同时出现在一次事务中的比例，即事务数据库 D 中包含 $A \cup B$ 的比例，表示为

$$S(A \to B) = P(A \cup B) \tag{4-39}$$

置信度的基本定义为事务库 D 中包含 A 的同时又包含 B 的比例，概率学中为条件概率 $P(B|A)$，表示为：

$$C(A \to B) = P(B|A) = \frac{f(A \cup B)}{f(A)} \times 100\% \tag{4-40}$$

根据上述定义，对变压器故障和各指标参量关系量化如下：

（1）事务数据库 D_i = {第 i 个故障发生}；

（2）子集 $A_{i,j}$ = {第 i 个故障状态中的第 j 个单项指标参量超出警示值}；

（3）子集 B_i = {第 i 类故障发生}。

由上式中可知，某故障状态关联规则 $A_{i,j} \to B_i$ 的支持度和置信度计算如下：

$$S(A_{i,j} \to B_i) = P(A_{i,j} \cup B_i) = \frac{\delta(A_{i,j} \cup B_i)}{\delta(B_i)} \times 100\% \tag{4-41}$$

$$
\begin{aligned}
C(A_{i,j} \to B_i) &= \frac{P(A_{i,j} \cup B_i)}{P(A_{i,j})} = \frac{\delta(A_{i,j} \cup B_i)}{\delta(A_{i,j}) / |D|} \times 100\% \\
&= \frac{\delta(A_{i,j} \cup B_i)}{\delta(A_{i,j})} \times 100\%
\end{aligned} \tag{4-42}
$$

式中，δ 表示符合上述条件的指标参量超标次数。

收集的某变电站变压器历史故障数据如表 4-10 所示。

表 4-10　变压器状态样本统计数据

指标序号	对应故障类别的指标参量超标次数									超标总次数
	F_1	F_2	F_3	F_4	F_5	F_6	F_7	F_8	F_9	
X_1	116	2	3	105	119	3	4	98	3	453
X_2	0	0	0	8	0	3	4	103	0	118
X_3	7	121	37	0	0	1	3	1	2	172
X_4	5	113	110	7	2	8	4	22	16	287
X_5	0	9	0	0	130	1	0	2	102	244
X_6	0	9	102	0	0	2	2	1	0	116
X_7	0	0	111	0	0	5	5	0	0	121
X_8	0	129	0	3	0	0	0	3	0	135
X_9	0	122	0	6	0	0	112	0	0	240
X_{10}	2	32	4	0	0	0	0	0	0	38
X_{11}	0	0	0	95	0	3	0	0	0	98
X_{12}	0	0	0	101	3	2	0	3	1	110
X_{13}	0	0	127	0	129	2	3	95	1	357
X_{14}	125	0	0	0	0	3	0	0	0	128
X_{15}	121	0	0	0	0	139	7	0	5	272
X_{16}	131	0	0	0	0	4	0	0	0	135
X_{17}	0	116	0	96	0	11	107	0	0	330
X_{18}	0	0	2	113	6	129	110	8	109	477
X_{19}	2	0	0	105	0	2	86	90	2	287

续表

指标序号	对应故障类别的指标参量超标次数									超标总次数
	F_1	F_2	F_3	F_4	F_5	F_6	F_7	F_8	F_9	
X_{20}	0	0	0	102	3	0	118	4	0	227
X_{21}	0	0	0	89	0	133	111	4	121	458
X_{22}	0	0	0	16	2	147	115	113	121	514
X_{23}	0	0	0	0	127	4	3	109	6	249
X_{24}	0	0	0	6	0	12	20	3	4	45
X_{25}	0	0	0	4	0	165	3	0	0	172
X_{26}	0	0	0	4	0	160	0	0	0	164
X_{27}	0	0	0	2	0	0	1	0	118	121
故障	142	130	131	115	135	172	120	115	125	—

以“绝缘受潮”为例，指标参量包括 H_2 含量、绝缘电阻吸收比、极化指数、泄漏电流、绝缘油介损、油中含水量、油击穿电压、体积电阻率。绝缘受潮故障发生次数为 115，对应的指标参量超标次数分别为 105、95、101、96、113、105、102、89，在总样本中超标次数为 453、98、110、330、477、287、227、89。根据式（4-41）与式（4-42）可求出绝缘电阻吸收比支持度和置信度：

$$S=\frac{\delta(A_{11,4}\cup B_4)}{\delta(B_4)}\times 100\%=\frac{95}{115}\times 100\%=82.61\% \tag{4-43}$$

$$C=\frac{\delta(A_{11,4}\cup B_4)/|D|}{\delta(A_{11,4})/|D|}\times 100\%=\frac{95}{98}\times 100\%=96.94\% \tag{4-44}$$

同理可以求出极化指数的支持度和置信度分别为 87.83%和 91.82%。由此可知当这两项指标超出警示值时，出现绝缘受潮的可信度高，因此可以认为这是变压器最具代表性指标。类似在其他指标中，置信度在多个故障状态中为 25%左右，当发生 H_2 含量超出警示值时，在多个故障状态中都有出现，需要参考其他状态指标才能对变压器状态进行判断，可信度低。因此可以认为这不是变压器最具代表性的指标。选择支持度

与置信度的最小阈值分别为：$S \geqslant 70\%$ 及 $C \geqslant 50\%$，从而可以筛选出变压器状态关键参量，最终结果如表 4-11 所示。

表 4-11　变压器关键指标参量

序号	状态参量	序号	状态参量
X_2	CH_4 含量	X_{14}	绕组电容量初值差
X_3	C_2H_6 含量	X_{15}	绕组绝缘介损
X_5	C_2H_2 含量	X_{16}	绕组短路阻抗初值差
X_6	CO 相对产气速率	X_{22}	油击穿电压
X_7	CO_2 相对产气速率	X_{23}	局部放电
X_8	铁芯接地电流	X_{25}	糠醛含量
X_9	铁芯绝缘电阻	X_{26}	纸板聚合度
X_{11}	吸收比	X_{27}	油流带电
X_{12}	极化指数	—	—

4.5　基于属性约简的特征压缩与提取方法

通过对电力设备状态监测指标的约简，可以降低设备状态监测信息决策的维度，减少状态评估指标参量个数以及状态监测指标数据存储空间，通过对约简后的属性指标分析，能够更加快速准确地提高对电力设备状态评判效率。对电力设备状态指标进行属性约简的主要目的就是要寻找出最优的指标属性子集代替原始的指标属性全集[59]。通过对监测数据进行属性约简后，得到的属性子集能够保持甚至提高原有监测数据属性的诊断、评估以及预测能力。

4.5.1　属性约简的基本原理

粗糙集通过已有的知识表达系统，利用属性的等价关系来划分论域的范围，得到不区分的等价类，表示为对论域的一种区分能力。通过构建适当的决策表，在保留必要属性的情况下对属性进行约简[27]。

依赖度的定义如下：$P,Q \in R$，P 和 Q 两者之间相互依赖水平，体现了一个属性对另一个属性的重要程度。属性集 Q 对于 P 的依赖程度表示如下：

$$\gamma_P = \frac{\left|Pos_P(Q)\right|}{|U|}$$

式中，$\left|Pos_P(Q)\right|$ 表示 Q 在 $U/Ind(P)$ 上的正区域。

（1）当 $\gamma_P = 1$ 时，表示 Q 完全依赖于 P，论域所有的研究对象都可以通过属性 P 划进 Q 的范围。

（2）当 $0 < \gamma_P < 1$ 时，表示 Q 部分依赖于 P，只有属于正域的研究对象可通过属性 P 划入 Q 中。

（3）当 $\gamma_P = 0$ 时，表示 P 和 Q 之间相互独立，论域中没有对象可以通过 P 划入 Q 中。

为研究属性依赖性的差异，引入属性的重要度概念，属性 a 加入 P 中，对于分类 $U/ind(Q)$ 的重要程度定义为：

$$sig(a,P,D) = \gamma_P(D) - \gamma_{P-\{a\}}(D) \tag{4-45}$$

由上可知，属性的重要性不同影响也不同，属性的重要度越大，属性对决策的影响也就越大。

主要流程为：以属性的依赖度作为启发信息，以属性重要度大小依次加入核中；当条件满足后终止，得到属性的约简集合。

步骤如下：

输入：信息系统 $S = (U,A,V,f)$，$A = C \cup U$，$C \cap D \neq \varnothing$，$C$ 为条件属性集，D 为决策属性集，$Core_D(C)$ 表示相对核。

输出：属性约简 $Red_D(C)$

（1）令初始条件为：$Red_D(C)$=$Core_D(C)$。

（2）计算 $C' = C - red_D(C)$。

（3）根据 C' 的结果，计算 $sig(a,red_D(C),D) = \gamma_{redD(C)\cup\{a\}}(D) - \gamma_{redD(C')}(D)$，取得最大值的属性 a。

（4）假设有多个属性 $sig(a,red_D(C),D)$ 取得最大值，则从中选出与

$red_D(C)$的组合值最小的一个属性 a。

（5）$red_D(C) = red_D(C) \cup \{a\}$，$C' = C' - \{a\}$。

（6）当 $\gamma_{redD(C)}(D) = 1$，结束；相反，当 $\gamma_{redD(C)}(D) \neq 1$，跳转到（3）继续。

4.5.2 电力设备状态监测指标的特征压缩与提取

1. 状态监测数据的离散化

在电力系统中，一般所采集到的设备状态监测数据在广义上都是连续的；而在粗糙集理论中，所处理的对象是离散的值或者属性，状态监测数据的离散化是我们对属性约简中数据预处理的重要内容。

如电力变压器的运行状态分为良好、一般、预警、严重来表示离散的程度。在设备的状态监测数据中采集的很大部分数据都是连续的，尤其在设备的在线监测数据中，例如对变压器顶层油温的监测数据、泄漏电流的监测数据等。如果要对这些状态监测数据进行分析、处理，就应对这些状态监测数据进行离散化处理。对连续属性离散化的目的就在于尽量减少决策系统信息损失的前提下得到简化的决策系统，本质是对状态监测数据进行范围、区域划分的过程，在实际状态监测数据进行离散化应用过程中，我们应该尽量保证在属性决策结果正确的情况下，对状态监测数据进行精确的离散化。

2. 状态监测指标的属性约简

粗糙集理论在设备状态监测数据中应用除了对规则的约简，还有一个重要研究内容就是对属性的约简。从数学理论解释就是在原有的属性集合中，删除一些冗余的或不重要的属性，从而达到约简变量属性的目的，但对变量属性约简的属性数量通过何种方法去衡量，对于约简后的属性和原有的属性对比与决策的影响，以及如何得到最简属性集是我们需要研究的重点内容。

令信息系统为 $S = \{U, A, V, f\}$，存在 $B \subseteq A$，$a \in B$，如果有以下条件 $Ind(B) = Ind(B - \{a\})$，则把 a 称为 B 的一个属性约简集，即 a 是 B 中的冗

余属性，记为 $Red(B)$，它是在不改变对论域中对象的分类能力的前提下删除的冗余属性。若 $B=B-\{a\}$ 中再也找不出多余的属性，则 B 是能够与 $B-\{a\}$ 表达等价的最小属性集合，是最后的属性约简结果。

根据以上论述，若在属性集 B 存在多个约简属性子集，所有的约简属性子集的交集定义为 B 的核，记为 $Core(B)$ ，表达式如下：

$$Core(B)=\bigcap Red(B) \tag{4-46}$$

$Core(B)$ 含有 B 的所有约简属性子集的核心，是它们具有的共同部分，是知识库 B 中不可缺少的重要、核心属性集。核的定义：核可以作为所有约简的计算基础，核是全部的约简属性集之中的交集部分，核心作为属性约简的极其重要的部分，删除其中的属性会减弱甚至改变决策能力。

设 Q 和 P 为论域上的等价关系簇，Q 的 P 正域记作 $Pos_P(Q)$，表示如下：

$$Pos_P(Q)=\bigcup_{X\in U/Q} P(X)$$

设 P 和 Q 为论域上的等价关系，$a\in P$，若存在关系：

$$Pos_{Ind(P)}\left(Ind(Q)\right)=Pos_{Ind(P-\{a\})}\left(Ind(Q)\right) \tag{4-47}$$

则 α 为 P 中 Q 不必要的，否则称 α 为 P 中 Q 必要的；若 P 中的任一关系 α 都是 Q 必要的，则称 P 为 Q 独立的。若不存在上述关系，则 α 关于 Q 不可约简。

电力设备状态监测指标参量众多，针对设备状态指标体系过于冗余繁复的问题，本文通过上述的粗糙集理论中的属性约简理论对电力设备监测指标体系进行特征提取，对于冗余的电力设备状态监测指标进行属性约简。

以电力设备监测指标为目标对象进行特征提取具体的步骤如下：

（1）收集电力设备状态监测指标参量，并建立指标参量体系。

（2）以所选出的监测指标作为条件属性集 C，用相应故障状态或设备运行状况（严重、预警、一般、良好）等作为决策属性集 D。

（3）对条件属性集 C、决策属性集 D 按要求进行离散化。

（4）依据（2）中信息列出信息决策表。

（5）根据做出的决策表选择合适的属性约简方法进行变量约简。

（6）最终得到约简后的设备状态监测指标参量。

4.5.3 基于属性约简的变压器状态参数特征压缩与提取算例

本小节以前述故障统计数据为例，运用粗糙集中属性约简规则对变压器状态指标参量进行约简，得到了最优的变压器状态指标子集，减少了变压器状态评估指标,提高了变压器状态评判效率以及数据处理能力。

1. 变压器状态数据离散化

先对故障数据样本进行离散化，得出相应的离散样本；然后对离散化后的结果进行属性约简。部分样本指标离散化处理结果如表 4-12 所示。

表 4-12 部分样本离散化结果

C	D								
	F_1	F_2	F_3	F_4	F_5	F_6	F_7	F_8	F_9
X_1	2	0	0	1	2	0	0	0	0
X_2	0	0	0	0	0	0	0	1	0
X_3	0	2	0	0	0	0	0	0	0
X_4	0	2	2	0	0	0	0	0	0
X_5	0	0	0	0	2	0	0	0	2
X_6	0	0	2	0	0	0	0	0	0
X_7	0	0	2	0	0	0	0	0	0
X_8	0	2	0	0	0	0	0	0	0
X_9	0	2	0	0	0	0	1	0	0
X_{10}	0	0	0	0	0	0	0	0	0
X_{11}	0	0	0	2	0	0	0	0	0
X_{12}	0	0	0	2	0	0	0	0	0
X_{13}	0	0	2	0	2	0	0	2	0
X_{14}	2	0	0	0	0	0	0	0	0

续表

C	D								
	F_1	F_2	F_3	F_4	F_5	F_6	F_7	F_8	F_9
X_{15}	0	0	0	0	0	0	0	0	0
X_{16}	2	0	0	0	0	0	0	0	0
X_{17}	0	0	0	0	0	0	1	0	0
X_{18}	0	0	0	0	0	0	0	0	1
X_{19}	0	0	0	2	0	0	1	0	0
X_{20}	0	0	0	1	0	0	0	0	0
X_{21}	0	0	0	0	0	0	0	0	2
X_{22}	0	0	0	0	0	2	0	0	0
X_{23}	0	0	0	0	2	0	0	1	0
X_{24}	0	0	0	0	0	2	0	0	0
X_{25}	0	0	0	0	0	2	0	0	0
X_{26}	0	0	0	0	0	2	0	0	0
X_{27}	0	0	0	0	0	0	0	0	2

注：条件属性各指标代表的含义如下：

X_1——H_2含量；X_2——CH_4含量；X_3——C_2H_6含量；

X_4——C_2H_4含量；X_5——C_2H_2含量；X_6——CO相对产气速率；

X_7——CO_2相对产气速率；X_8——铁芯接地电流；X_9——铁芯绝缘电阻；

X_{10}——铁芯空载损耗；X_{11}——绝缘电阻吸收比；X_{12}——极化指数；

X_{13}——绕组直流互阻互差；X_{14}——绕组电容量初值差；X_{15}——绕组绝缘介损；

X_{16}——绕组短路阻抗初值差；X_{17}——绕组泄漏电流；X_{18}——绝缘油介损；

X_{19}——油中含水量；X_{20}——油击穿电压；X_{21}——体积电阻率；

X_{22}——油中含气量；X_{23}——局部放电；X_{24}——油界面张力；

X_{25}——糠醛含量；X_{26}——纸板聚合度；X_{27}——中性点油流静电电流。

决策属性各符号代表的含义如下：

F_1——绕组故障；F_2——铁芯故障；F_3——电流回路过热；F_4——绝缘受潮；F_5——绝缘老化；F_6——绝缘油劣化；F_7——绝缘油劣化；F_8——局部放电；F_9——油流放电。

其中：

0——状态指标在正常范围之内；1——状态指标在预警范围之内；2——状态指标超出警示值。变压器状态指标取值范围以及分类参考相关试验检修规程。

2. 状态监测指标的约简

运用粗糙集理论中的属性重要度方法对以上变压器状态指标参量进行约简，通过经典粗糙集可以对变压器的重复冗余属性进行删除，得到的指标为最简的属性集，它包含了变压器状态主要评估信息，提高了变压器状态评估效率。得到的最优指标子集如表 4-13 所示。

表 4-13　变压器属性约简后指标

序号	状态参量
X_2	CH_4 含量
X_3	C_2H_6 含量
X_5	C_2H_2 含量
X_6	CO 相对产气速率
X_9	铁芯绝缘电阻
X_{11}	绝缘电阻吸收比
X_{15}	绕组绝缘介损
X_{22}	油击穿电压
X_{23}	局部放电
X_{25}	糠醛含量
X_{27}	油流带电

4.6 小　结

针对电力设备状态参数的类型杂、数量多及参数间关联关系不明确等问题，提出了改进主成分分析的关键参数体系构建方法。以电力设备故障、紧急重大缺陷、一般缺陷的统计构建指标参量的量化矩阵，通过主成分分析的降维处理，将指标参量投影到以综合评价为轴的坐标系中，根据各指标参量权重的大小依次排列，以权重的大小作为关键参量选取依据，去除与设备状态相关性不大的指标参量。

在分析电力设备状态指标参量与设备状态之间关系紧密程度的基础上，提出基于一种关联规则特征提取方法。运用关联规则量化各设备状态与状态指标参量之间的关系,计算得到各指标参量的支持度与置信度，以支持度与置信度的阈值作为特征提取的依据，筛选出电力设备状态关键指标参量。

属性约简是一种寻找出最优的指标属性子集来代替原始的指标属性全集的特征提取方法，通过对电力设备状态监测指标的约简，可以有效降低设备状态监测信息决策的维度，减少设备状态评估指标参量的个数以及状态监测数据存储空间，通过分析约减后的属性指标能够更加快速准确地提高对电力设备状态评判的效率。

以供电设备状态监测数据为例，详细阐述了上述三种方法在供电设备状态特征提取中的应用过程，证实了方法的可行性，为电力设备状态监测数据的分析处理提供了思路。

第5章

输变电设备状态参数的多元统计评价方法

作为电力系统的核心部件，输变电设备的安全稳定对保证电力系统的正常运行至关重要。输变电设备一旦出现故障，将会造成比较大的经济损失及服务影响，因此保证设备处于良好的运行状态是电力检修部门的一项重要工作。

准确的状态评价结果是对设备实施状态检修的前提。目前，随着状态监测技术的进步，对设备的状态监测方法越来越多，手段越来越全面，所获得的数据也越来越多，但对设备状态判断的方法却较为缺乏，已有的方法多通过阈值比较的方法进行判断[38,39]，这种判断方法简单，但阈值的设定缺乏合理的依据，监测数据中蕴含的信息得不到充分利用。而且单参数分别评判无法对多个参数之间关系的变化情况进行监控，观测效率较低，对于多个监控参数之间的关系变化以及性能趋势的变化情况难以反映。也有利用模糊数学[40,41]、证据理论[42]、神经网络[43,44]、贝叶斯网络[45-48]等人工智能方法实现对设备状态的评判，这类评判方法存在样本选取困难、主观因素影响较大、应用实时性差等缺点。

设备的状态数据是设备健康状态的反映，在理想情况下，设备的状态数据会围绕着理想状态在一定的范围内波动，这种波动反映了设备状态的一种变化趋势，影响这种波动的因素有多种，如设备状态的退化、外部环境因素的影响、测量误差的影响等。通过对设备此类关键特征数值的分析和评估，可以反映设备的运行状态是否处于受控状态。

控制图是统计质量管理的一种重要手段和工具[49]。通过对生产过程的关键特性参数进行测定、记录、评估，根据假设检验的原理构造控制图，可以用来监测生产过程是否处于控制状态[50-52]。控制图可以按时间序列将设备状态监测数据的典型特征（如均值、标准差）的变化以图形化的形式展现出来，有利于直观了解设备状态参数的分布及变化情况，为设备的运行过程是否发生异常提供判断工具。

5.1 输变电设备状态参数的多元统计控制图原理

根据判断过程所使用统计量的不同，常用的多元统计控制图包括多元 T^2 控制图、多元累积和控制图（Multivariate Cumulative Sum Control Chart，MCUSUM）以及多元指数加权滑动平均控制图（Multivariate Exponentially Weighted Moving Average，MEWMA）。利用这几种控制图对变压器状态参数的分布情况进行统计分析，对不同控制图对变压器异常的不同检出能力进行分析对比，确定适用于变压器状态判断的多元统计控制图。

5.1.1 多元 T^2 控制图

当总体的协方差矩阵未知时，一般采用 T^2 控制图对向量的均值及方差进行监控[53]。此时，利用有限的样本信息对协方差矩阵进行估计，定义第 i 个样本的统计量为：

$$T_i^2 = n(\bar{X}_i - \mu_0)' S_i^{-1} (\bar{X}_i - \mu_0)(1 \leqslant i \leqslant m) \tag{5-1}$$

当实际的分布中心 μ_0 为已知时，统计量 $\dfrac{n-p}{p(n-1)} T_i^2$ 服从第一自由度为 p、第二自由度为 $n-p$ 的 F 分布。若总体均值向量 μ_0 也未知且每个样本的协方差矩阵 $S_i(1 \leqslant i \leqslant m)$ 存在波动，则用各个样本的均值向量 $\bar{X}_i$ 的平均值 $\bar{X}$ 代替总体均值向量 μ_0，用各个样本协方差矩阵 S_i 的平均值 $\bar{S}$ 代替协方差矩阵，并定义

$$T_i^2 = n(\bar{X}_i - \bar{X})' S_i^{-1} (\bar{X}_i - \bar{X})(1 \leqslant i \leqslant m) \tag{5-2}$$

作为第 i 个样本的打点值。给定显著性水平 α，多元 T^2 控制图的上限为：

$$UCL=\frac{n-p}{p(n-1)}F_{p,n-p}(1-\alpha) \tag{5-3}$$

针对每个样本，计算相应的样本统计量 $T_i^2(1\leqslant i\leqslant m)$，若存在某个样本使得 $T_i^2 UCL(1\leqslant i\leqslant m)$ 成立，则可以认为变压器的状态参数出现失控变化。

5.1.2 多元累积和控制图

常规控制图存在着过程小偏移不灵敏的缺陷，多元累积和控制图可以解决过程小偏移的质量控制问题。

多元累积和控制图包容了观测值序列的全部信息，它通过计算观测值与目标值差值的累积和，并以此累积和对测定时间顺序作图。当测定结果的平均值与预期值相符时，累积和趋势将与时间轴平行。多元累积和控制图的优点在于当图形的斜率改变时，能迅速判断偏离的正、负特性和偏离统计控制的情况。

假设采集到样本容量 $n\geqslant 1$的样本，用 $\bar{x}_i$ 表示第 i 个样本的均值。如果以 μ_0 表示过程均值，定义 $T_i=[n(\bar{X}-\mu_0)'S^{-1}(\bar{X}-\mu_0)]^{\frac{1}{2}}$，那么，MCUSUM 统计量为[54]

$$S_i=\max[0,S_{i-1}+T_i-k] \tag{5-4}$$

式中，T_i 表示第 i 个样本的 T 统计量，控制参数 k 为维数 p 的平方根；k 与维数、判断距离的关系由 Crosier 给出的两组 ARL 曲线[54]确定。

当过程处于稳态时，MCUSUM 统计量 S_i 是在零附近波动的随机变量，即均值为零。若过程出现偏移，依据 MCUSUM 统计量 S_i 打点形成向上或向下的趋势，可以判断过程均值是否发生偏移。当累积和 S_i 大于给定的判定距离 h 时，控制图就会给出失控信号。

5.1.3 指数加权滑动平均控制图

指数加权滑动平均控制图中的每一个点都结合了之前所有子组或观测值的信息，对过程小偏移的监测比较有效。

设 X_1，X_2，…是相互独立的随机变量序列，则 MEWMA 统计量 Z_i 为[55]

$$Z_i = \lambda X_i + (1-\lambda)Z_{i-1} \tag{5-5}$$

式中，λ 为一常数，$0<\lambda\leqslant 1$。当 $\lambda \to 0$ 时，各观测值的权重基本一致，EWMA 统计量近似于基本的 MCUSUM 统计量；当 $\lambda=1$ 时，MEWMA 控制图退化为单值控制图。

MEWMA 统计量的初值 Z_0 一般取 $E(X)=\mu_0$，上式可变为

$$Z_i = \lambda \sum_{j=0}^{i-1} (1-\lambda)^j X_i + (1-\lambda)Z_0 \tag{5-6}$$

可以看到，MEWMA 对历史数据具有记忆功能，而且对于不同时间的数据，其权重不同。由于 $\lambda\leqslant 1$，距离当前越远的数据，其权重越小，距离当前越近的数据，其权重越大。MEWMA 图上的点包含了历史信息的影响，反映了过程趋势的变化。

如果观测值 X_i 是独立的随机变量，方差为 σ^2，那么，MEWMA 控制图的上限和下限分别为

$$\begin{aligned} UCL &= \mu_0 + L\sigma\sqrt{\frac{\lambda}{2-\lambda}[1-(1-\lambda)^{2i}]} \\ LCL &= \mu_0 - L\sigma\sqrt{\frac{\lambda}{2-\lambda}[1-(1-\lambda)^{2i}]} \end{aligned} \tag{5-7}$$

式中，当 i 逐渐增大时，$(1-\lambda)^{2i}$ 将很快收敛到 0。因此，当 i 增大时，UCL 和 LCL 将稳定到下面两个值：

$$\begin{aligned} UCL &= \mu_0 + L\sigma\sqrt{\frac{\lambda}{2-\lambda}} \\ LCL &= \mu_0 - L\sigma\sqrt{\frac{\lambda}{2-\lambda}} \end{aligned} \tag{5-8}$$

5.2 输变电设备状态参数多元统计控制图的构建及其比较

5.2.1 变压器的状态分析参数及其分布情况分析

变压器状态监测的参数很多，在变压器内部出现故障时，无论是过

热故障还是放电故障，都会使变压器油的分子结构遭受破坏并裂解，产生大量氢气。因此油中的氢气可作为预测变压器早期故障的指示气体。除氢气之外，还会伴随一定量的气体可燃气体，如甲烷、乙烷、乙烯、乙炔、一氧化碳和二氧化碳等。监测变压器气体总量的变化，对指示变压器初期故障十分有效。对油中溶解气体可连续观察气体产生的动态发展趋势，通过发现超出极限范围的特征气体来发现并捕捉故障信息，因此在线监测成为变压器状态监测的一种有效手段。

根据《输变电设备状态检修试验规程》（Q/GDW 1168-2013）规定，目前电网公司对于油中溶解气体的判断主要按表 5-1 所示标准执行。

表 5-1　变压器油中溶解气体故障判断标准

项目	C_2H_2	H_2	总烃	绝对产气速率	相对产气速率
注意值	≤1 μL/L（330 kV 及以上）；≤5 μL/L	≤150 μL/L	≤150 μL/L	≤12 mL/d（隔膜式）；≤6 mL/d（开放式）	≤10%/月

多个单参数控制限的应用会使得参数的指示过程处于失真状态，控制限的选取缺乏足够的依据，并且这种失真状态随着监控参数的增加而更加严重，影响观测效率。同时，应用单参数监控的方式无法对多个参数之间关系的变化情况进行监控，从而对变压器的某些异常情况无法进行监测。

以变压器油色谱在线监测系统所获取的变压器状态参数为分析对象，取油色谱在线监测中的氢气、甲烷、乙烯、乙烷、一氧化碳、二氧化碳、总烃含量组成变压器的状态向量 $X=(H_2, CH_4, C_2H_4, C_2H_6, CO, CO_2, H_{yd})'$，该状态向量 X 服从均值向量 $\boldsymbol{\mu}$、协方差矩阵 Σ 的 n 维正态分布。当均值向量 $\boldsymbol{\mu}$ 和协方差矩阵 Σ 同时保持稳定时，可认为变压器当前处于稳定的受控状态；如其中一个或几个状态参数的均值、方差或相互之间的关系发生变化时，均值向量 $\boldsymbol{\mu}$ 和协方差矩阵 Σ 会产生变动，在多元统计控制图上会出现失控信号，显示变压器的状态出现异常。

取某变压器 2014 年 9 月至 12 月共 4 个月的油中溶解气体监测数据进行分析，监测系统每天采样 1 次，为便于后期的子组划分，每月取 30 天的数据，每种气体含 120 个监测数据。

各种气体含量的参数检验情况如图 5-1 至图 5-7 所示。

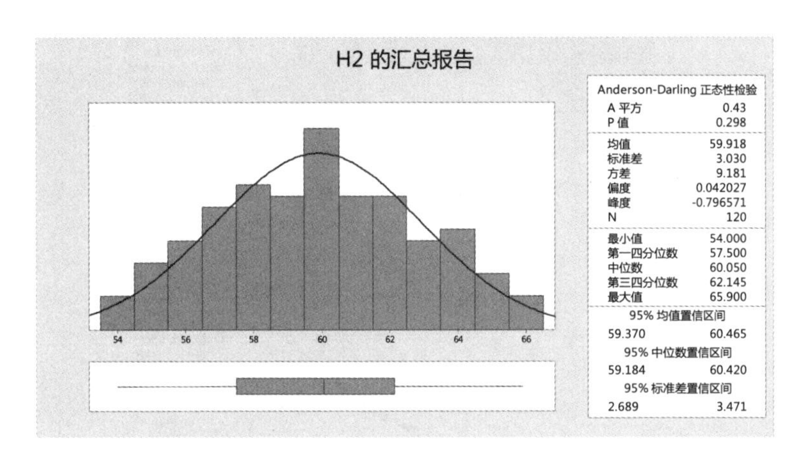

(a) H_2 的汇总报告

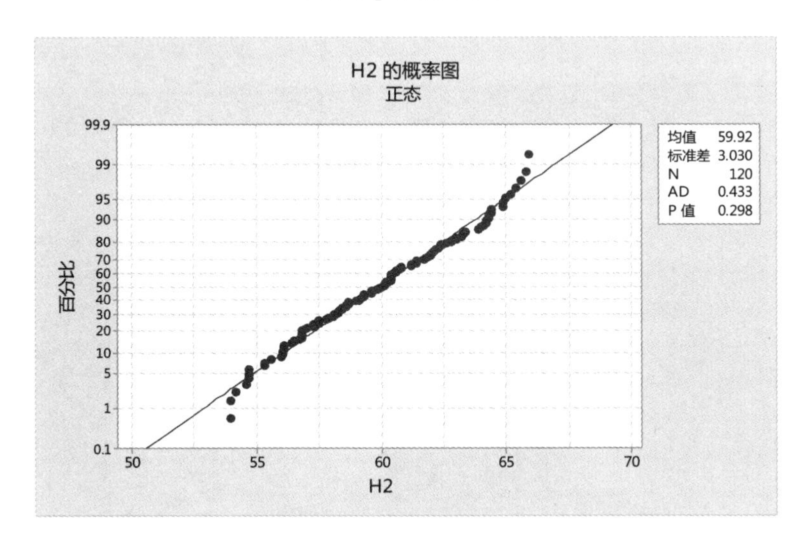

(b) H_2 的概率图

图 5-1　氢气含量的正态分布检验

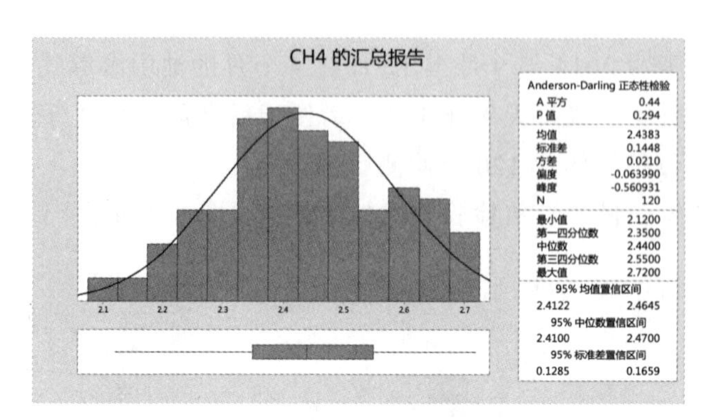

（a）CH_4 的汇总报告

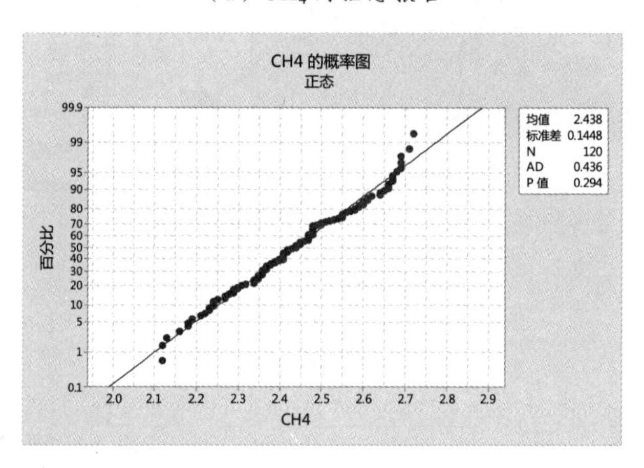

（b）CH_4 的概率图

图 5-2 甲烷含量的正态分布检验

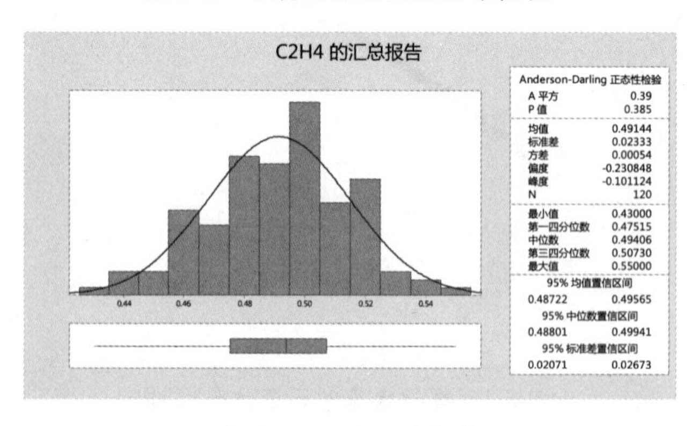

（a）C_2H_4 的汇总报告

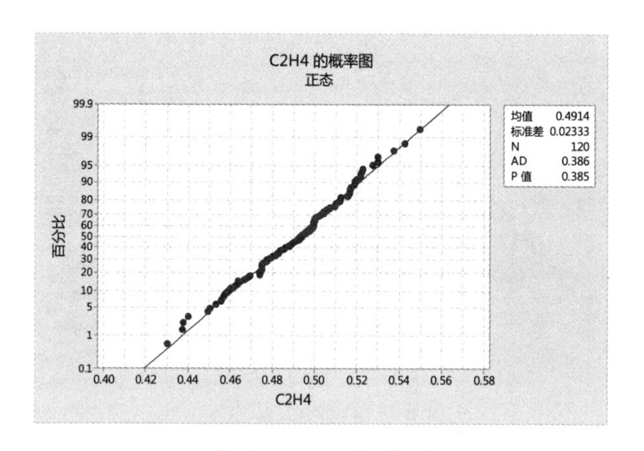

（b）C_2H_4 的概率图

图 5-3　乙烯含量的正态分布检验

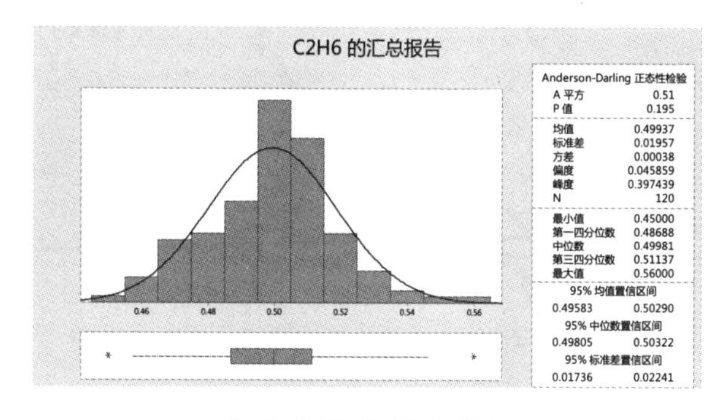

（a）C_2H_6 的汇总报告

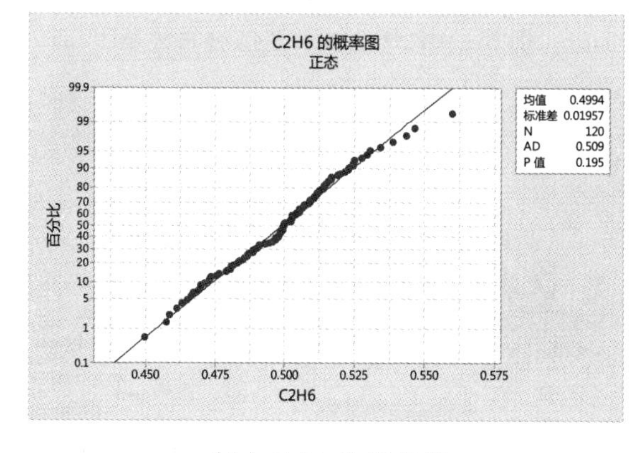

（b）C_2H_6 的概率图

图 5-4　乙烷含量的正态分布检验

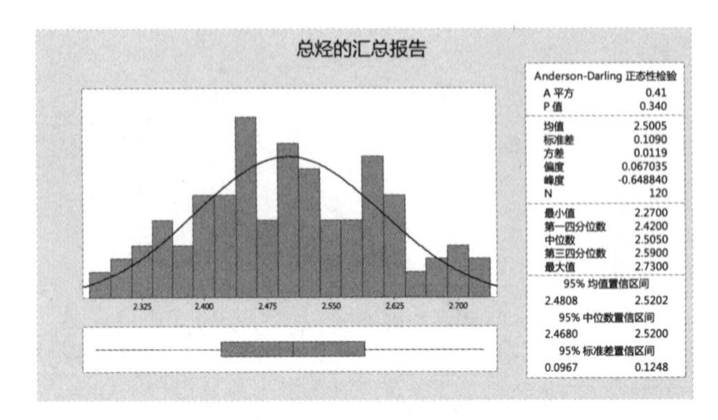

（a）总烃的汇总报告

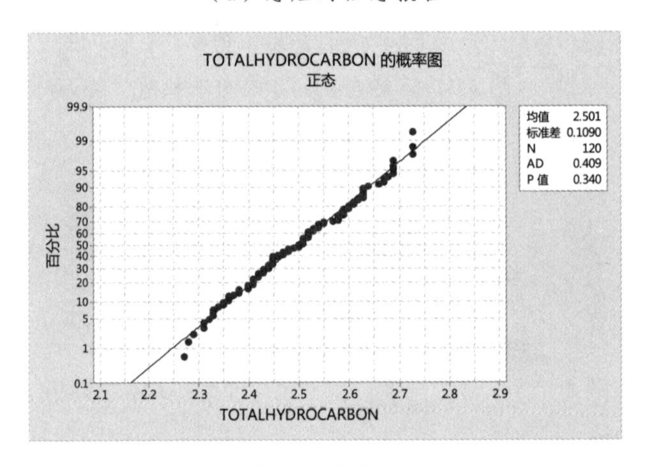

（b）总烃的概率图

图 5-5　乙烯含量的正态分布检验

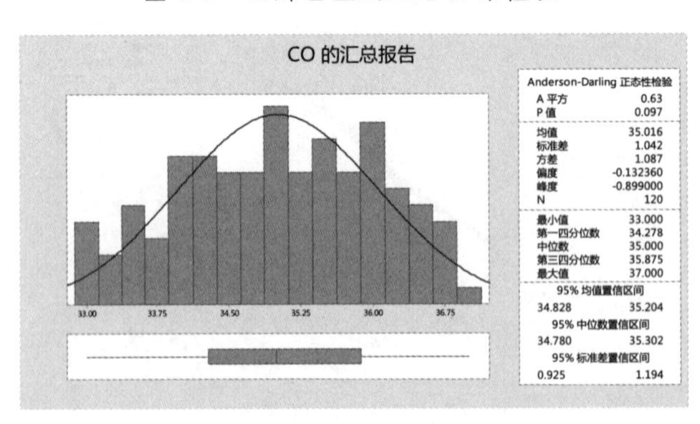

（a）CO 的汇总报告

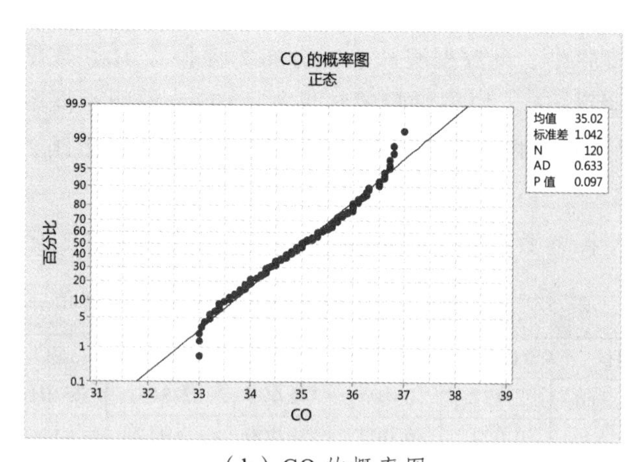

（b）CO 的概率图

图 5-6 一氧化碳含量的正态分布检验

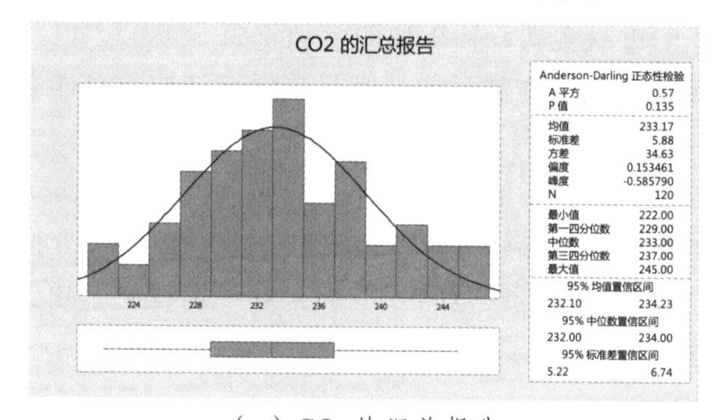

（a）CO_2 的汇总报告

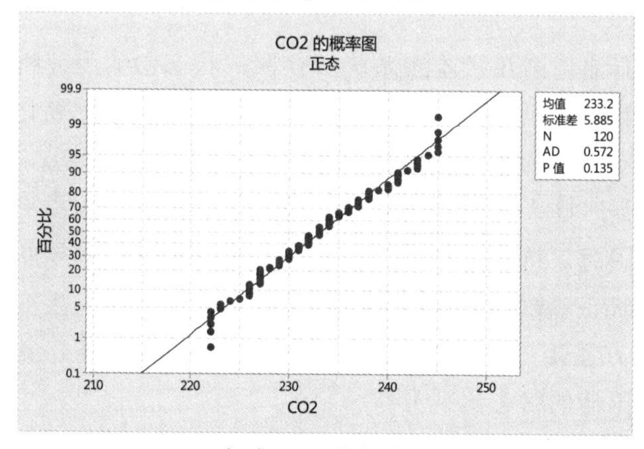

（b）CO_2 的概率图

图 5-7 二氧化碳含量的正态分布检验

正态性检验中，设数据服从正态分布为原假设 H_0，数据不服从正态分布为备择假设 H_1。如果检验的结果 $p<0.05$，说明小概率事件发生，原假设 H_0 错误；反之若 $p\geqslant 0.05$，说明不能否定原假设 H_0，即参数满足正态分布。

上述各指标参数计算所得的均值及统计量值如表 5-2 所示。

表 5-2　某变压器油中溶解气体各成分统计量值

指标	H_2	CH_4	C_2H_4	C_2H_6	总烃	CO	CO_2
均值	59.918	2.438	0.491	0.499	2.501	35.016	233.170
方差	9.181	0.021	0.001	0.000	0.012	1.087	34.630
p 值	0.298	0.294	0.363	0.197	0.340	0.097	0.135

由表 5-2 中可以看到，各指标的 p 值都大于 0.05，说明各指标数据都服从正态分布，该样本容量能够满足多元统计控制对样本数据正态性的要求。

若某一参数的数据不服从正态分布的要求，可通过 box-cox 变换或是 Johnson 变换将非正态分布转换为正态分布。box-cox 变换通过对数变换、平方根变换、倒数变换等常用变换来在一定程度上减少不可观测的误差和变量之间的相关性。

5.2.2　变压器状态多元统计控制图的构建

以变压器油色谱在线监测系统所获取的状态参数为分析对象，取油色谱在线监测中的氢气、甲烷、乙烯、乙烷、总烃、一氧化碳、二氧化碳含量组成变压器的状态向量 $X=(H_2,\ CH_4,\ C_2H_4,\ C_2H_6,\ 总烃,\ CO,\ CO_2)'$，该状态向量 X 服从均值向量 μ_0 的 7 维正态分布。当均值向量 μ 和协方差矩阵同时保持稳定时，可认为变压器当前处于稳定状态；如其中一个或几个状态参数的均值、方差或相互之间的关系发生变化时，均值向量 μ 和协方差矩阵会产生变动，在多元统计控制图上会出现失控信号，显示变压器的状态出现异常。

取某变压器 2014 年 9 月至 12 月共 4 个月的油中溶解气体监测数据进行分析，监测系统每天采样 1 次，为便于子组划分，每月取 30 天，共

120 组数据。

为使组内波动小而组间差异大，根据合理子组的原则，以每 5 天的数据为一个子组，计算出的不同控制图的统计量如表 5-3 所示。

据此作出的多元 T^2 控制图、MCUSUM 控制图及 MEWMA 控制图，如图 5-8 ~ 图 5-10 所示。

从图 5-8 ~ 图 5-10 可以看出，所选样本均在控制图的控制限以下，表明变压器状态未有异常，据此所得 3 种控制图的典型参数如表 5-4 所示。

表 5-3 各样本子组均值及 3 种多元控制图统计量

子组	H_2	CH_4	C_2H_4	C_2H_6	总烃	CO	CO_2	T^2	S	Z
1	58.340	2.498	0.480	0.490	2.540	34.680	232.0	9.980	0.000	1.996
2	57.640	2.492	0.508	0.492	2.458	35.580	234.6	12.594	0.000	2.417
3	60.080	2.442	0.504	0.488	2.488	34.760	233.8	4.308	0.000	2.177
4	60.168	2.408	0.482	0.506	2.504	35.162	232.4	2.388	0.000	0.792
5	59.700	2.202	0.498	0.504	2.510	34.400	232.8	21.859	0.261	1.320
6	58.480	2.220	0.500	0.478	2.472	34.960	231.4	22.955	0.701	5.123
7	59.880	2.212	0.504	0.498	2.508	36.000	233.0	24.013	0.905	9.400
8	59.820	2.470	0.480	0.502	2.598	34.940	232.2	9.116	0.589	6.058
9	58.640	2.604	0.482	0.490	2.540	35.300	233.8	21.890	0.236	2.791
10	57.500	2.578	0.498	0.506	2.516	35.080	235.2	17.504	0.000	1.857
11	57.720	2.598	0.490	0.490	2.518	35.560	232.8	22.669	0.000	3.161
12	59.920	2.538	0.474	0.518	2.536	35.020	237.0	17.124	0.000	3.383
13	60.460	2.612	0.506	0.506	2.542	34.200	235.4	21.890	0.303	4.498
14	59.900	2.532	0.488	0.494	2.448	35.900	231.6	10.329	0.020	4.954
15	61.660	2.476	0.506	0.496	2.556	34.400	234.8	7.427	0.000	4.251
16	59.980	2.402	0.488	0.498	2.480	34.304	233.6	3.781	0.000	2.762
17	63.000	2.384	0.500	0.496	2.546	34.460	232.8	11.627	0.000	1.708
18	60.900	2.384	0.512	0.498	2.506	35.620	230.4	9.501	0.000	1.241
19	62.280	2.374	0.466	0.502	2.426	34.500	229.0	20.917	0.416	0.724
20	58.800	2.416	0.482	0.518	2.396	34.700	233.6	11.103	0.906	0.593

续表

子组	H_2	CH_4	C_2H_4	C_2H_6	总烃	CO	CO_2	T^2	S	Z
21	61.520	2.358	0.490	0.502	2.478	35.200	235.6	7.474	0.826	0.820
22	61.318	2.452	0.488	0.496	2.314	34.586	229.8	23.366	1.421	2.481
23	58.942	2.386	0.478	0.510	2.578	35.116	239.2	14.702	1.883	1.469
24	61.372	2.482	0.496	0.508	2.554	35.956	229.2	11.076	2.515	1.074

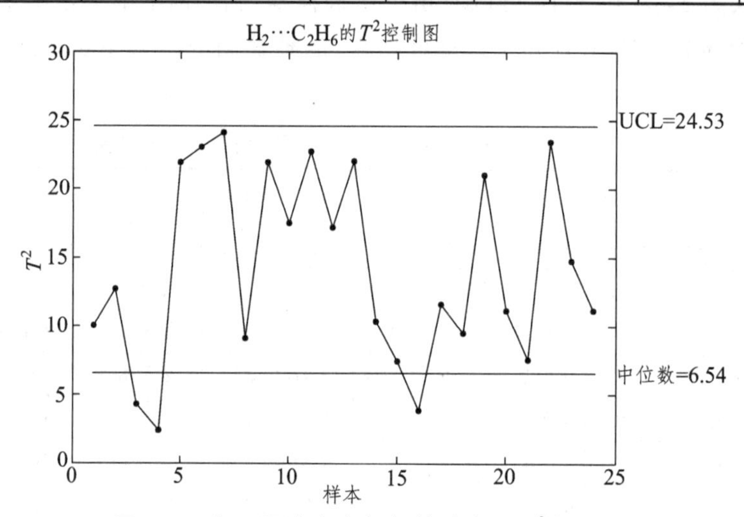

图 5-8　变压器油中溶解气体的多元 T^2 控制图

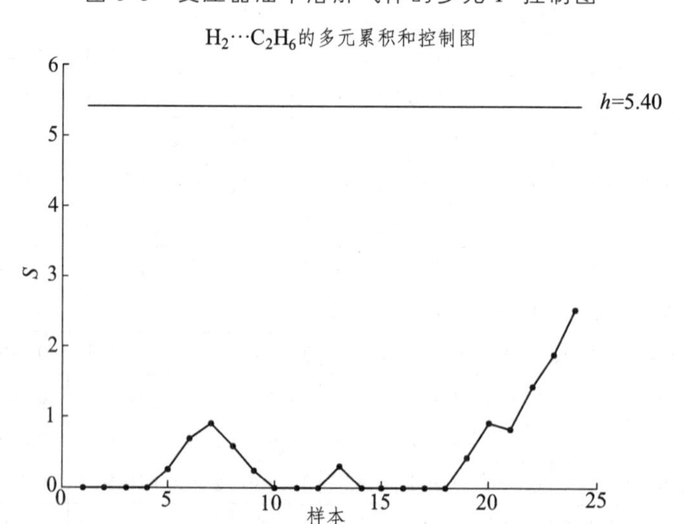

图 5-9　变压器油中溶解气体的 MCUSUM 控制图

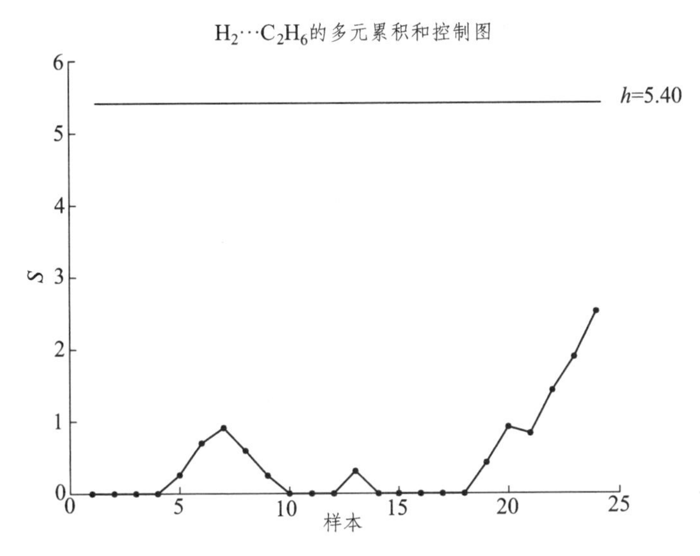

图 5-10 变压器油中溶解气体的 MEWMA 控制图

表 5-4 三种不同控制图的控制参数

T^2	MCUSUM	MEWMA
$UCL = 24.530$	$h = 5.400$	$UCL = 17.927$
中位数 = 6.540	$k = 2.646$	$\lambda = 0.1$

5.2.3 变压器状态控制图检出能力比较

评价控制图优劣常用的一个指标是平均运行链长（Average Run Length，ARL），ARL 反映的是从统计开始到控制图发出失控报警信号为止所抽取样本数的期望值，即观测值第一次落在控制线外时控制图上描点个数的平均值。

上述 3 种控制图都可以利用多元信息对变压器的状态是否异常进行评判，但在判断过程中，希望控制图在变压器状态正常时的误警率越低越好，即 ARL 的值越大越好，而在变压器状态异常时检出越快越好，即 ARL 的值越小越好。

为对所建立的 3 种控制图的检出能力进行比较，在 Matlab 平台上，采用 Monte Carlo 仿真法模拟产生 7 个指标数据的随机向量

$X=(x_1,x_2,\cdots,x_7)'$，并且 X 服从表 5-2 中均值向量μ_0的 7 维正态分布，取显著性水平 $\alpha=0.005$，保持控制图的控制参数不变，分别对各个指标参数设置多个偏移量（均值偏移系数δ为 0.15，0.30，0.45），每种情况模拟 50 000 次，得到不同偏移量下的 ARL 值，如表 5-5 所示。

表 5-5　各指标均值在不同偏移量下的 ARL 值

均值偏移系数		T^2	MCUSUM	MEWMA	均值偏移系数		T^2	MCUSUM	MEWMA
H_2	0.15	150.640	79.190	118.310	总烃	0.15	192.780	44.380	102.780
	0.30	136.990	55.340	98.310		0.30	187.590	13.910	52.150
	0.45	80.124	36.230	94.560		0.45	117.860	7.510	30.450
CH_4	0.15	174.650	100.230	155.480	CO	0.15	181.050	100.590	157.450
	0.30	155.510	56.900	140.010		0.30	179.410	59.100	156.320
	0.45	153.680	36.6000	138.790		0.45	130.130	35.890	145.440
C_2H_4	0.15	193.900	117.590	141.860	CO_2	0.15	170.800	106.630	167.140
	0.30	181.870	54.130	160.170		0.30	161.810	54.440	161.310
	0.45	152.000	37.750	120.750		0.45	139.940	39.650	137.100
C_2H_6	0.15	186.040	101.840	157.340	同时偏移	0.15	108.875	18.355	40.415
	0.30	181.260	57.770	151.710		0.30	28.145	8.885	13.305
	0.45	155.740	40.390	130.630		0.45	9.1600	5.770	6.855

从表 5-5 中可以看到，当变压器的状态指标发生偏移时，无论是单个指标均值发生偏移，还是 7 个指标同时发生偏移，3 种控制图中，MCUSUM 控制图的 ARL 值都是最小的，MEWMA 控制图次之，T^2 控制图的 ARL 值最大，反映出 MCUSUM 的检出能力是 3 种控制图中最好的，而 T^2 控制图的检出能力最差。而且，在同等变化下，MCUSUM 控制图的 ARL 值较其他两种小很多，反映出 MCUSUM 控制图能较灵敏地检测到变压器状态的变化。因此，MCUSUM 控制图优于 MEWMA 控制图和 T^2 控制图，更适宜用于对变压器油中溶解气体含量进行监测和评价。

5.3 基于 MCUSUM 控制图的变压器状态监测

5.3.1 正常状态分析

通过前述分析，选择多元累积和（MCUSUM）控制图对变压器运行状态的稳定性进行分析。抽取某变电站主变压器油中溶解气体 2015 年 9 月和 10 月共 2 个月的监测数据各 30 组，取显著性水平 $\alpha=0.005$，按前述方法构建 MCUSUM 控制图，各统计量在控制图中的打点情况如图 5-11 所示。

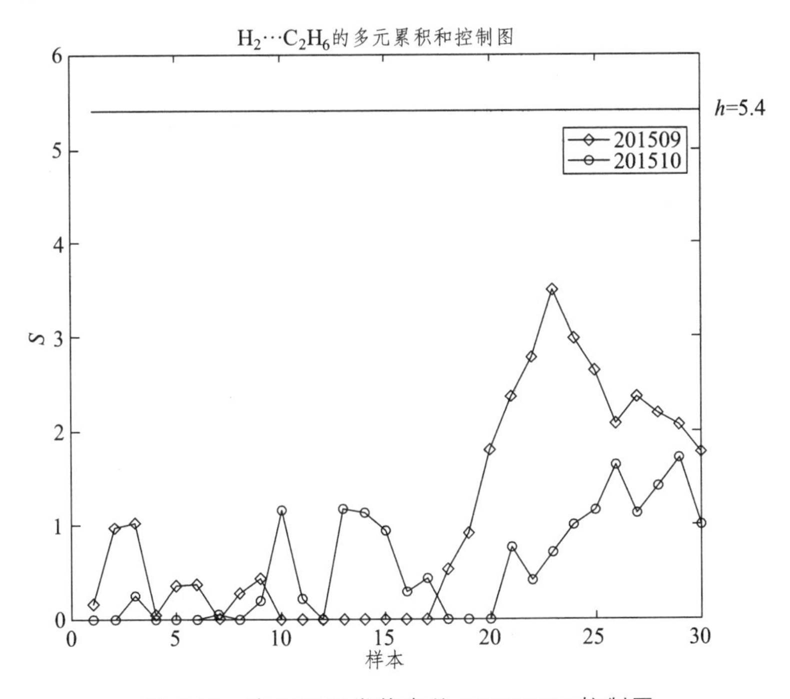

图 5-11　变压器正常状态的 MCUSUM 控制图

从图中可以看到，该变压器状态参数的多元累积和都在控制限内，说明这 2 个月变压器都处于良好的运行状态，2015 年 9 月的统计量波动幅度较 10 月的大，表明变压器 9 月份状态指标的均值偏离程度大，10 月份的状态稳定性比 9 月份好。

5.3.2　异常状态分析

为验证 MCUSUM 控制图对变压器异常状态的识别能力，选取变压器某次故障当月的状态参数进行打点分析，所得的 MCUSUM 控制图如图 5-12 所示。从中可以看到，从第 14 点开始统计量超过上控制限，表明运行过程中变压器各状态指标的均值出现了显著偏移，或是协方差出现了异常，反映出变压器的状态参数出现了一定程度的失控，变压器状态出现异常。

为分析 MCUSUM 控制图中变压器状态异常的原因，绘制变压器该月状态参数的变化曲线，如图 5-13 所示。从图中可以看到，在该段时间内，H_2、CH_4、C_2H_4、总烃、CO 含量都出现了较大波动，根据《输变电设备状态检修试验规程》(Q/GDW 1168—2013)，采用气体含量标准值比较法，需在 17 日方可发现变压器 H_2 含量超标，而采用 MCUSUM 控制图，在 14 日即能发现变压器状态的异常，比传统判断方法提前 3 日，判断更为灵敏，而且更为简单和直观。

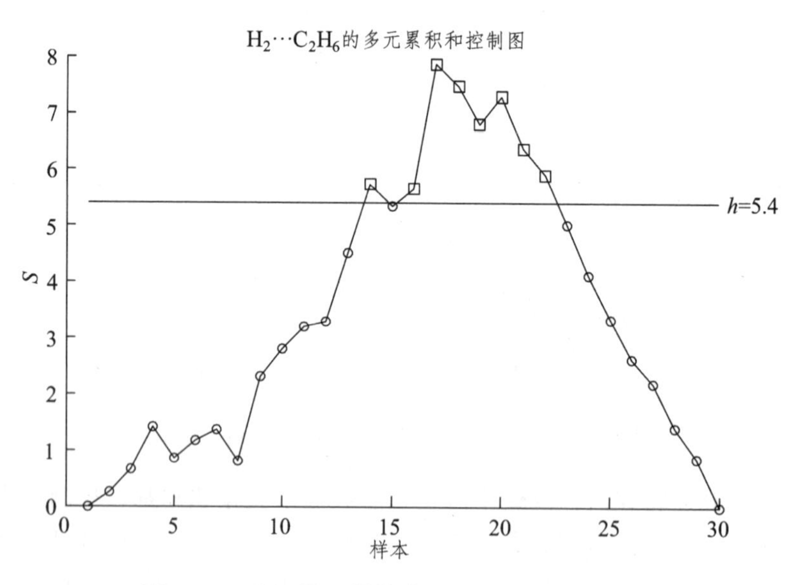

图 5-12　变压器异常状态的 MCUSUM 控制图

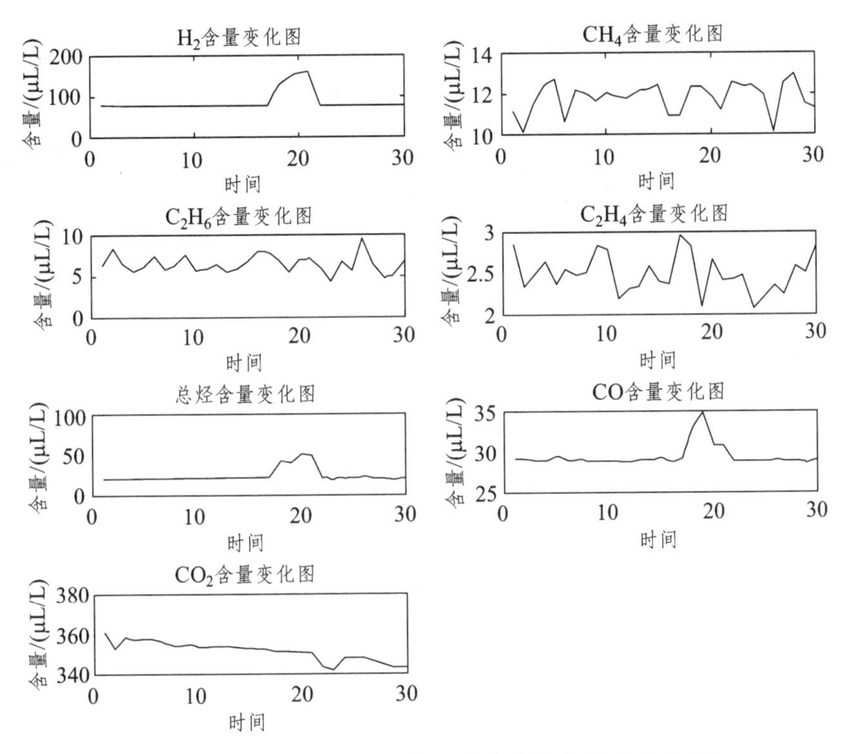

图 5-13　变压器异常状态时油中溶解气体的变化图

5.4　小　结

（1）多元统计控制图可将变压器的多个指标参数转化为一个统计参数，并以直观的形式表示，统计参数不仅能反映变压器各状态指标的变化情况，而且能体现各指标相互之间关联关系的变化情况，较适宜用于变压器状态的判断评价。

（2）对变压器状态 3 种多元控制图检出能力的分析表明，MCUSUM 控制图对变压器指标偏移的检出能力优于 MEWMA 控制图，并优于多元 T^2 控制图，更易于发现变压器状态参数均值向量及协方差向量的异常波动，可将 MCUSUM 控制图用于变压器运行状态参数的监测及评价。

（3）采用 MCUSUM 控制图对变压器不同时间段监测数据的分析表明，同台变压器在不同运行情况下的状态稳定性存在一定的差异，而

MCUSUM 控制图可将这些差异直观地显示出来。

（4）利用 MCUSUM 控制图对变压器故障情况下的异常数据分析表明，MCUSUM 控制图对异常状态的识别比传统方法要更灵敏，能在传统判断方法之前提早发现变压器状态的异常。

第6章

输变电设备状态参数的数据预测方法

输变电设备的历史状态数据蕴含着设备状态变化的规律，反映了设备状态发展的趋势，对历史数据反映的设备状态的发展过程和规律性进行延伸，可以对设备未来的发展趋势进行预测，对设备中潜伏的早期故障进行判断，从而为预防性检修提供依据。

6.1 输变电设备状态参数的灰色模型预测方法

输变电设备的状态数据反映的是设备状态随时间变化的情况，是一种典型的时间序列。时间序列预测可以研究出这些状态参数与时间过程的演变关系。

6.1.1 输变电设备状态参数的灰色预测模型

灰色模型以目前确知的信息为基础来对灰色系统进行数学建模，然后通过构建的模型对灰色系统还不确定的部分进行预测。灰色模型可以对历史信息的随机性进行削弱，运用微分拟合法将时间序列转变为微分方程，能够反映系统内机制变动历程的实质，适合用于预测控制。

GM（1，1）模型是最常用的一种灰色预测模型，它将离散的随机数经过依次累加成算子，削弱其随机性，得到较有规律的生成数，然后建立微分方程模型。

设原始序列为

$$X^{(0)}=(x^{(0)}(1),x^{(0)}(2),\cdots,x^{(0)}(n)) \tag{6-1}$$

累加序列为

$$X^{(1)}=(x^{(1)}(1),x^{(1)}(2),\cdots,x^{(1)}(n)) \tag{6-2}$$

序列 $X^{(0)}$，$X^{(1)}$ 之间的关系满足：

$$x^{(1)}(i)=\sum_{k=1}^{i}x^{(0)}(i),(i=1,2,\cdots,n)$$

累加处理的目的，是使新生成的数据序列与原始数据序列相比，平稳性进一步增强而波动性减弱。

对新生成序列建立 GM（1，1）白化形式的微分方程：

$$\frac{\mathrm{d}x^{(1)}}{\mathrm{d}t}+ax^{(1)}=b \tag{6-3}$$

式中，a 称为发展灰数，体现历史序列 $X^{(0)}$ 与累加生成序列 $X^{(1)}$ 的变化趋势；b 称作内生控制系数，体现数据间的变动关联。

由于所分析的数列是离散的，为了求解 a 和 b，将式 $\frac{\mathrm{d}x^{(1)}}{\mathrm{d}t}$ 离散化，有

$$\frac{\mathrm{d}x^{(1)}(k)}{\mathrm{d}t}=x^{(1)}(k)-x^{(1)}(k-1),k=2,3,\cdots,n \tag{6-4}$$

背景值公式为

$$Z^{(1)}(k)=\rho x^{(1)}(k)+(1-\rho)x^{(1)}(k-1),k=2,3,\cdots,n \tag{6-5}$$

式中，$Z^{(1)}(k)$ 称为式（6-3）的背景值；ρ 称为权重系数，$\rho\in[0,1]$。

假定 ρ 取 0.5，则

$$Z^{(1)}(k)=\frac{x^{(1)}(k-1)+x^{(1)}(k)}{2},k=2,\cdots,n \tag{6-6}$$

将式（6-3）离散化，得

$$x^{(0)}(k)-x^{(0)}(k-1)+aZ^{(1)}(k)=b,k=2,\cdots,n \tag{6-7}$$

记 $\hat{a}=(a,b)^{\mathrm{T}}$，令 $B=\begin{bmatrix}-Z^{(1)}(2) & 1\\ -Z^{(1)}(3) & 1\\ \vdots & \vdots\\ -Z^{(1)}(n) & 1\end{bmatrix}$，$Y_n=\begin{bmatrix}X^{(0)}(2)\\ X^{(0)}(3)\\ \vdots\\ X^{(0)}(n)\end{bmatrix}$

由最小二乘法求解得

$$\hat{a}=(B^{\mathrm{T}}B)^{-1}B^{\mathrm{T}}Y_n \tag{6-8}$$

将（6-8）代入（6-3）中并令 $x^{(1)}(1)=x^{(0)}(1)$，得

$$\hat{x}^{(1)}(k)=\left(x^{(0)}(1)-\frac{b}{a}\right)\mathrm{e}^{-a(k-1)}+\frac{b}{a} \tag{6-9}$$

该式是 $x^{(1)}$ 的预测函数。

对（6-9）做累减生成，获取 $X^{(0)}$ 的灰色预测值为

$$\hat{x}^{(0)}(k)=\hat{x}^{(1)}(k)-\hat{x}^{(1)}(k\text{-}1)=(1-\mathrm{e}^{a})\left(x^{(0)}(1)-\frac{b}{a}\right)\mathrm{e}^{-ak} \tag{6-10}$$

上式为 GM（1，1）模型的预测公式。

若考虑设备状态参数的关联性来做出灰色预测，这样就要用到GM(1，n)模型进行预测。

令 $X_1^{(0)}$ 为系统的特征数据序列，$X_{\mathrm{i}}^{(0)}(i=2,3,\cdots,N)$ 为关联的因素序列：

$$\begin{aligned}X_1^{(0)}&=(x_1^{(0)}(1),x_1^{(0)}(2),\cdots,x_1^{(0)}(n))\\ X_i^{(0)}&=(x_i^{(0)}(1),x_i^{(0)}(2),\cdots,x_i^{(0)}(n))\end{aligned} \tag{6-11}$$

$X_{\mathrm{i}}^{(1)}$ 是 $X_{\mathrm{i}}^{(0)}$ 的一阶累加生成序列，$X^{(1)}=(x^{(1)}(1),x^{(1)}(2),\cdots,x^{(1)}(n))$，其中 $x^{(1)}(k)=\sum\limits_{i=1}^{k}x^{(0)}(i)$，$k=1,2,\cdots,n$。

$Z^{(1)}$ 为 $X^{(1)}$ 的紧邻均值生成序列，$Z^{(1)}=(z^{(1)}(2),z^{(1)}(3),\cdots,z^{(1)}(n))$，其中，$z^{(1)}(k)=\frac{1}{2}(x^{(1)}(k)+x^{(1)}(k-1))$，$k=2,3,\cdots,n$。

则称

$$x_1^{(0)}(k)+az_1^{(1)}(k)=\sum_{i=2}^{N}b_i x_{1_i}^{(1)}(k) \tag{6-12}$$

为 GM（1，n）模型。

$$\frac{\mathrm{d}x_1^{(1)}}{\mathrm{d}t}+aZ_1^{(1)}=\sum_{i=2}^{N}b_i x_i^{(1)} \tag{6-13}$$

为 GM（1，n）模型 $x_1^{(0)}(k)+az_1^{(1)}(k)=\sum_{i=2}^{N}b_i x_i^{(1)}(k)$ 的影子方程，也称为白化方程。

设 $\hat{a}=\left[a,b_1,b_2,\cdots,b_N\right]^{\mathrm{T}}$，

$$B=\begin{bmatrix}-z_1^{(1)}(2) & x_1^{(1)}(2) & \cdots & x_N^{(1)}(2)\\ -z_1^{(1)}(3) & x_1^{(1)}(3) & \cdots & x_N^{(1)}(3)\\ \vdots & \vdots & \ddots & \vdots\\ -z_1^{(1)}(n) & x_1^{(1)}(n) & \cdots & x_N^{(1)}(n)\end{bmatrix},\quad Y=\begin{bmatrix}x_1^{(0)}(2)\\ x_1^{(0)}(3)\\ \vdots\\ x_1^{(0)}(n)\end{bmatrix}$$

则 $\hat{a}=\left[a,b_1,b_2,\cdots,b_N\right]^{\mathrm{T}}$ 最小二乘估计满足

$$\hat{a}=(B^{\mathrm{T}}B)^{-1}B^{\mathrm{T}}Y \tag{6-14}$$

（1）白化方程 $\frac{\mathrm{d}x_1^{(1)}}{\mathrm{d}t}+aZ_1^{(1)}=\sum_{i=2}^{N}b_i x_i^{(1)}$ 的解为

$$\begin{aligned}x^{(1)}(t)&=\mathrm{e}^{-at}\left[\sum_{i=2}^{N}\int b_i x_i^{(1)}(t)\mathrm{e}^{at}\mathrm{d}t+x^{(1)}(0)-\sum_{i=2}^{N}\int b_i x_i^{(1)}(0)\mathrm{d}t\right]\\&=\mathrm{e}^{-at}\left[x_1^{(1)}(0)-t\sum_{i=2}^{N}\int b_i x_i^{(1)}(0)+\sum_{i=2}^{N}\int b_i x_i^{(1)}(t)\mathrm{e}^{at}\mathrm{d}t\right]\end{aligned} \tag{6-15}$$

（2）当 $X_i^{(1)}(i=1,2,\cdots,N)$ 变化幅度非常小时，则视 $\sum_{i=2}^{n}b_i x_i^{(1)}(k)$ 为灰常量，于是式（6-15）的时间响应式为

$$\hat{x}_1^{(1)}(k)=\left[x_1^{(1)}(0)-\frac{1}{a}\sum_{i=2}^{N}b_i x_i^{(1)}(k)\right]e^{-at}+\frac{1}{a}\sum_{i=2}^{N}b_i x_i^{(1)}(k) \tag{6-16}$$

累减还原得

$$\hat{x}_1^{(0)}(k)=a^{(1)}\hat{x}_1^{(1)}(k)=\hat{x}_1^{(1)}(k)-\hat{x}_1^{(1)}(k-1) \tag{6-17}$$

6.1.2 变压器油中溶解气体含量的灰色预测算例

以收集的某变压器 2014 年 1 月至 10 月的油中溶解气体监测数据为对象，该数据包含了氢气、甲烷、乙烯、乙烷、一氧化碳、二氧化碳、总烃含量信息，利用统计分析软件 Matlab 对其时间序列趋势进行分析。

利用前述灰色模型对上述气体含量进行预测，利用该变压器前 5 个月的气体含量数据，对其后 5 个月的气体含量进行预测，所得的结果如图 6-1 ~ 图 6-7 所示。

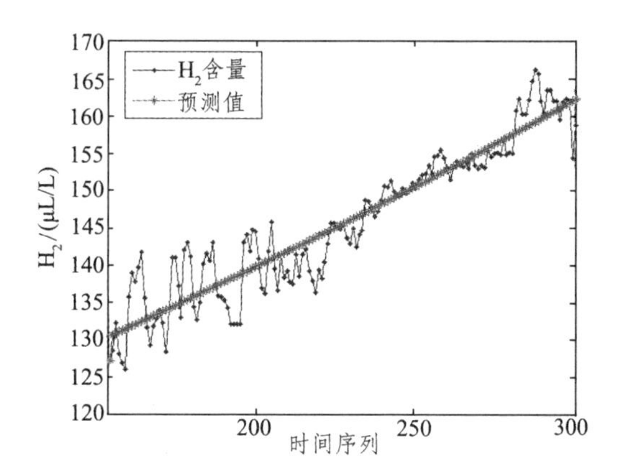

图 6-1 预测的 H_2 含量与实际值对比图

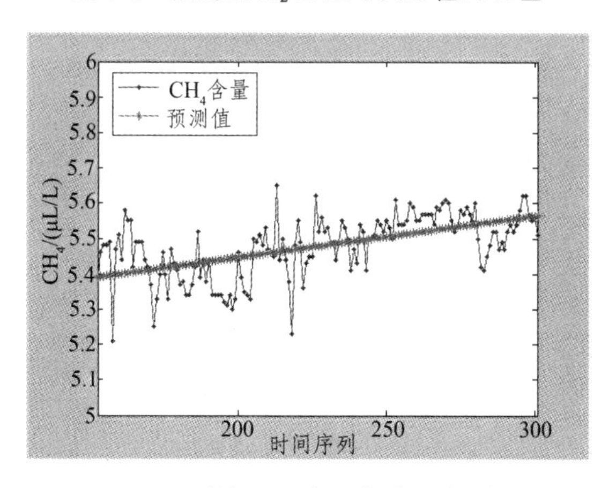

图 6-2 预测的 CH_4 含量与实际值对比图

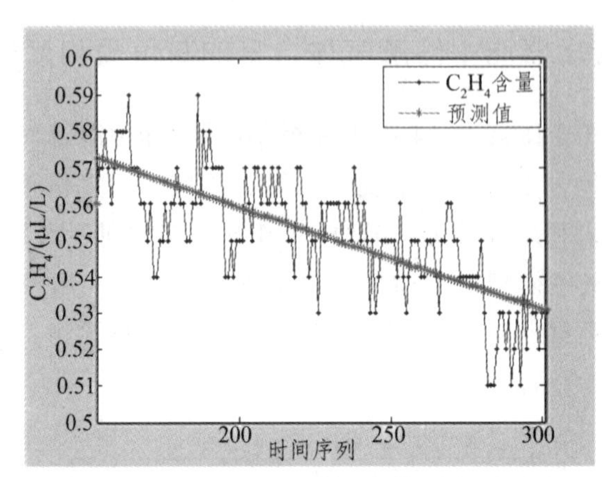

图 6-3　预测的 C_2H_4 含量与实际值对比图

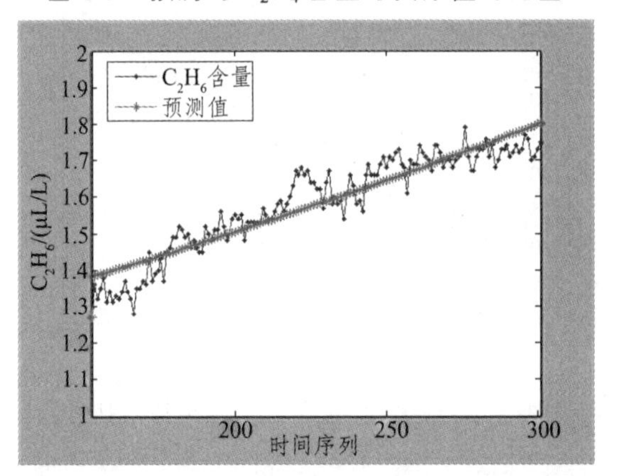

图 6-4　预测的 C_2H_6 含量与实际值对比图

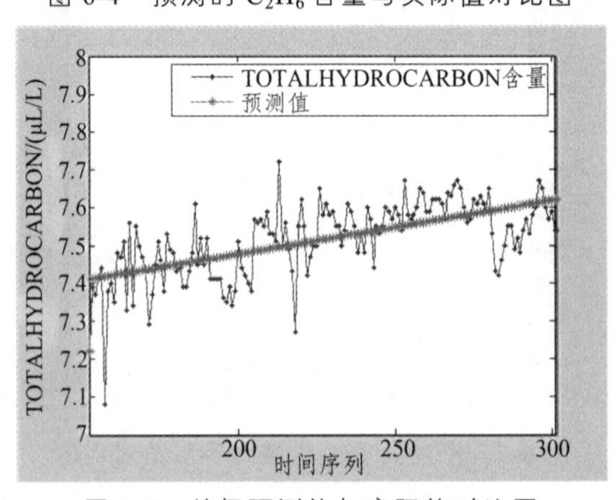

图 6-5　总烃预测值与实际值对比图

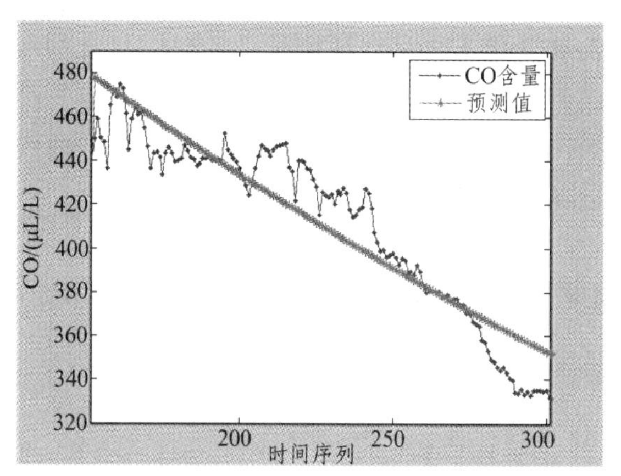

图 6-6 预测的 CO 含量与实际值对比图

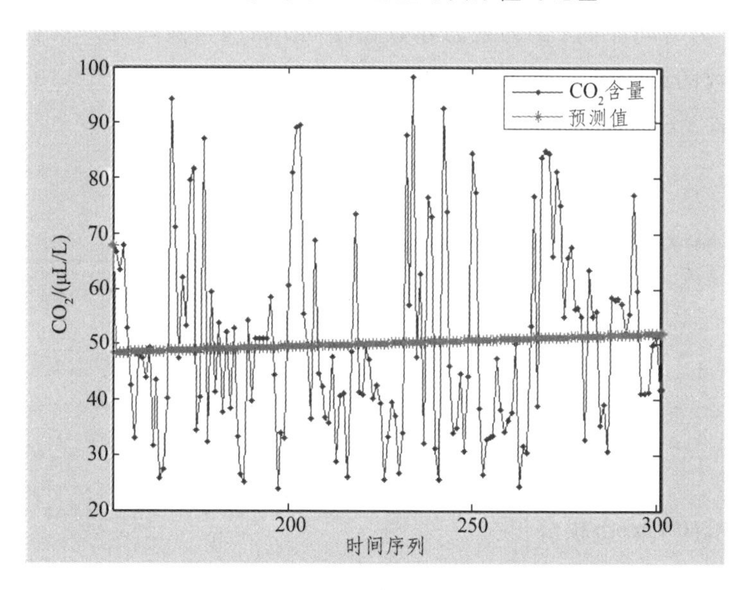

图 6-7 预测的 CO_2 含量与实际值对比图

可以看到，预测结果与实际值较为吻合，灰色模型较宜用于变压器气体含量的预测。

6.2 输变电设备状态参数的 Logistic 预测方法

输变电设备的状态参数具有累积效应，特别是在隐患发展阶段，设备状态参数的发展变化不再呈线性增长，此时，传统的时间序列预测结果将出现较大误差。

Logistic 数学模型能够较好地描述形如 S 型增长曲线的有界增长现象，可用来对设备隐患发展阶段的状态参数进行预测。

6.2.1　输变电设备状态参数的 Logistic 预测原理

Logistic 模型方程为

$$\frac{\mathrm{d}x}{\mathrm{d}t}=rx\left(1-\frac{x}{k}\right) \tag{6-18}$$

式中，t 为时间序列；x 为状态参数在时间 t 时的含量，$X_0=X|_{t=0}$；k 为状态参数的最大值；r 为不定常数。

由式（6-18）可得

$$\frac{\mathrm{d}x}{rx\left(1-\frac{x}{k}\right)}=\mathrm{d}t$$

即

$$\left(\frac{1}{x}+\frac{\frac{r}{k}}{r-\frac{r}{k}x}\right)\mathrm{d}x=r\mathrm{d}t \tag{6-19}$$

对式（6-19）两边积分得

$$\ln|x|-\ln\left|r-\frac{r}{k}x\right|=rt+c \tag{6-20}$$

将初始条件 $X_0=X|_{t=0}$ 代入式（6-20）并化简得

$$x=\frac{k}{1+\left(\frac{k}{x_0}-1\right)\mathrm{e}^{-rt}} \tag{6-21}$$

设

$$Y=\ln\frac{k-x}{x},\quad \frac{k}{x_0-1}=\mathrm{e}^a \tag{6-22}$$

对公式（6-21）线性化得

$$Y=a-rt \tag{6-23}$$

Gompertz 预测模型方程为

$$x=k\mathrm{e}^{-a\mathrm{e}^{-bt}} \tag{6-24}$$

式中，t 为时间序列；x 为状态参数在时间 t 时的含量，$X_0=X|_{t=0}$；k 为状态参数的最大值；a，b 为不定常数。

6.2.2 输变电设备状态参数的 Logistic 组合预测模型

采用 Logistic 算法和 Gompertz 算法作为独立的单项预测模型，以预测误差平方和最小化为原则，求取组合预测模型的最优权值组合。

设 $x(t)$ 为预测对象在 t 时刻的属性值，$t=1,2,\cdots,n$。若 $x(t)$ 有 m 个单独的预测系统，$x_i(t)$ 为第 i 个预测系统在时间 t 的预测值，则其对应的预测误差为

$$e_{it}=x(t)-x_i(t), i=1,2,\cdots,m,\ t=1,2,\cdots,n \tag{6-25}$$

相应的预测误差矩阵 E 为

$$E=[(e_{it})_{m\times n}][(e_{it})_{m\times n}]^{\mathrm{T}} \tag{6-26}$$

若 $w=(w_1,w_2,\cdots,w_m)^{\mathrm{T}}$ 为组合预测模型的最优线性加权矩阵，则组合预测模型的数学表达式为

$$\hat{x}(t)=w_1x_1(t)+w_2x_2(t)+\cdots+w_mx_m(t) \tag{6-27}$$

且 $w_1+w_2+\cdots w_m=1$。该组合模型的预测误差为

$$e_t=x(t)-\hat{x}(t), t=1,2,\cdots,n \tag{6-28}$$

故可得到线性组合预测的误差平方和为

$$S=\sum_{t=1}^{n}e_t^2=\sum_{t=1}^{n}\left(\sum_{t=1}^{n}w_ie_{it}\right)^2=W^{\mathrm{T}}EW \tag{6-29}$$

$$\begin{cases}\min S = W^{\mathrm{T}} E W \\ \text{s.t. } R^{\mathrm{T}} = 1, R^{\mathrm{T}} = (11\cdots1)_{1\times m}\end{cases} \tag{6-30}$$

即组合预测模型的最优权系数 W 为二次规划问题式（6-27）的最优解。

为了求解式（6-27），引入 Lagrange 乘子λ。式（6-27）分别对 W 和 λ 求导，可得

$$W = \lambda E^{-1} R \tag{6-31}$$

$$\lambda = \frac{1}{R^{\mathrm{T}} E^{-1} R} \tag{6-32}$$

再由式（6-27）和（6-29）可求解出最优权值向量 W_{opt} 为

$$W_{\mathrm{opt}} = E^{-1} R / R^{\mathrm{T}} E^{-1} R \tag{6-33}$$

组合模型预测结果误差平方和的表达式为

$$S = \frac{1}{R^{\mathrm{T}} E^{-1} R} \tag{6-34}$$

采用预测结果的平均相对误差作为评价条件，其定义为

$$\delta = \frac{1}{n}\sum_{i=1}^{n}\frac{\left|x_i - \hat{x}_i\right|}{x_i} \times 100\%$$

式中，x_i 为实际值；$\hat{x}_i$ 为模型预测值；n 为样本个数。若平均相对误差大，则表明预测方法的精度低。

6.2.3　变压器油中溶解气体含量的组合预测算例

变压器在发生潜伏性故障后，油中溶解气体的含量变化过程具有时间累积效应，主要呈现以下 4 个过程：

（1）油中特征气体含量呈线性增长阶段：潜伏性故障初期相比于变压器油和有机绝缘材料正常老化阶段，产生的特征气体含量明显增加，但是产气速率很慢，特征气体随时间推移逐渐溶于变压器油中，油中特征气体含量近似呈线性增加。

（2）油中特征气体含量呈非线性增长阶段：随着潜伏性故障的不断

发展，特征气体的产气速率不断增大，在油中气体含量未达到饱和状态的前提下，溶于油中的特征气体含量不断加大，呈现出明显的非线性。

（3）特征气体溶于油中的速率递减阶段：随着故障的不断发展，产生的特征气体不断的溶于油中，即使特征气体的产气速率仍在增加，由于油的溶解量是一定的，受其他特征气体的影响，对于单个特征气体来说，虽然其溶于油中的量不断增加，但其溶于油的速率会不断递减。

（4）特征气体溶于油中的量趋于稳定阶段：当油中特征气体达到饱和状态，即使潜伏性故障继续发展，产生的特征气体将不再溶于油中，而是以自由气体的形式进入气体继电器，使瓦斯保护动作。

综上所述，油中溶解气体含量的变化过程符合 S 型生长曲线，而 Logistic 模型和 Gompertz 模型正好能很好地描述 S 型生长曲线[47,48]。变压器在发生潜伏性故障后，其油中溶解气体组分及含量因故障原因、故障类型变化而变化，溶解气体的含量受到变压器运行状态影响，如运行负荷、环境温度、油温等，同时溶解气体之间也会相互影响。目前较流行的油中溶解气体含量预测多采用灰关联分析等方法，来提取对预测的油中溶解气体浓度影响较大的因素，作为预测模型的输入变量，这些方法过于依赖初值的选取，初值选取的合适程度将直接影响模型的预测精度，同时阈值的指定也缺乏说服力。基于以上考虑，将影响油中溶解气体含量的因素统筹考虑，作为限制溶解气体含量无限增长的环境约束、种内竞争、种间竞争等影响单种种群数量增长的因素[49-52]，分别建立油中溶解气体含量的 Logistic 预测模型和 Gompertz 模型。

某电力公司 220 kV 变压器，从 2004 年 6 月开始，油中溶解气体含有 C_2H_2，并且 H_2、CO、CO_2 等含量快速升高，后经诊断，得出该变压器发生了爬电故障。以该变压器油中溶解的 H_2 为例，来验证本文两个预测模型的可行性以及预测精度。从该变压器 2004 年 6 月至 2006 年 12 月的部分 DGA 数据中，提取的 H_2 含量如表 6-1 所示。

表 6-1　变压器的实际氢气浓度/(μL/L)

时间	氢气浓度	时间	氢气浓度
2004-06-10	14.2	2005-09-14	84.3
2004-08-09	18.2	2005-12-11	106.7
2004-09-11	20.8	2006-01-09	122.3
2004-12-07	30.2	2006-04-07	137.8
2005-01-15	50.6	2006-07-11	150.4
2005-04-10	60.3	2006-09-13	160.8
2005-07-12	75.8	2006-12-15	200.3

采用 logistic 和 Gompertz 模型预测的结果如表 6-2 所示。

表 6-2　变压器氢气浓度的预测值/(μL/L)

时间	实际	Logistic 预测值 y_1	Gompertz 预测值 y_2	组合预测 y
2004-06-10	14.2	16.1	15.3	14.8
2004-08-09	18.2	20.7	21.1	21.3
2004-09-11	20.8	23.3	24.5	25.0
2004-12-07	30.2	33.2	36.5	38.1
2005-01-15	50.6	37.3	41.2	43.1
2005-04-10	60.3	51.7	56.8	59.4
2005-07-12	75.8	69.8	74.8	77.3
2005-09-14	84.3	83.8	87.7	89.7
2005-12-11	106.7	106.9	108.2	108.8
2006-01-09	122.3	114.9	115.2	115.3
2006-04-07	137.8	139	136.3	135.0
2006-07-11	150.4	161.7	157.4	155.2
2006-09-13	160.8	175.4	171.1	168.9
2006-12-15	200.3	192.9	190.9	189.9
平均相对误差		8.9%	8.3%	8.2%

利用组合预测算法，由表 6-2 可得到预测误差矩阵 e：

$$e=\begin{bmatrix}-1.934\,9,-1.072\,3\\-2.454\,6,-2.881\,8\\-2.522\,0,-3.659\,0\\-3.039\,4,-6.307\,7\\+13.341\,5,+9.449\,1\\+8.599\,0,+3.475\,7\\+5.967\,4,+1.030\,2\\+0.487\,5,-3.422\,6\\-0.180\,5,-1.468\,5\\+7.397\,1,+7.140\,7\\-1.208\,4,+1.463\,4\\-11.335\,7,-6.984\,2\\-14.573\,0,-10.302\,3\\+7.390\,4,+9.380\,0\end{bmatrix}$$

再根据 e 得到预测误差信息矩阵 E：

$$E=\begin{bmatrix}764.851\,6,547.925\,2\\547.925\,2,474.959\,9\end{bmatrix}$$

由预测误差信息矩阵 E，可解出最优向量 W_{opt} 为

$$W_{opt}=[-0.506\,8,1.506\,8]^T \quad (6\text{-}35)$$

根据最优组合权值，可得到用 Logistic 和 Gompertz 模型进行组合预测的最优组合模型为

$$y=-0.506\,8y_1+1.506\,8y_2 \quad (6\text{-}36)$$

式中，y_1，y_2 分别为用 Logistic 和 Gompertz 预测模型进行预测后得到的预测值。

从表 6-2 可以看出，利用最优组合算法建立的两者组合模型，能更好地拟合油中溶解气体的真实变化趋势，预测精度也比单纯地采用 logistic 和 Gompertz 原理的预测模型高，利用组合算法能够很好地将两者的优势互补，提高预测精度。

6.3 输变电设备状态参数的 EWMA 预测方法

输变电设备状态参数的发展具有时间规律性。从长期来看，输变电设备的状态参数受负荷状态、外部环境的影响较大，而负荷状态、外部环境等都有较强的季节规律性。在对输变电设备的状态参数进行预测时，需考虑这种时间规律的影响。同时，输变电设备的状态与相近时刻状态的关联大，与较远时刻状态的关联小。综上考虑，需建立合适的模型反映时间对状态参数的影响。

6.3.1 指数加权移动平均预测方法的基本原理

EWMA（指数加权移动平均）预测方法是移动平均法中的一种，其把历史数据分配不一样的权重，即距离预测点近的数据比距离预测点较远的数据所分配的权重要大。根据平滑次数不同，指数加权移动平均预测方法又分为一次指数平滑的 EWMA，二次指数平滑的 EWMA 和三次指数平滑的 EWMA 等。但它们的基本思想都是：预测值是历史数据的加权和，并且对不同的历史数据给予不同的权重，距离预测点较近的数据给予较大的权重，距离预测点较远的数据给予较小的权重。

EWMA 的基本公式为[34]：

$$
\begin{aligned}
S_{t+1} &= \alpha y_t + (1-\alpha) S_t \\
&= \alpha y_t + (1-\alpha)\left[\alpha y_{t-1} + (1-\alpha) S_{t-2}\right] \\
&= \cdots = \alpha \sum_{j=0}^{\infty} (1-\alpha)^j y_{t-j}
\end{aligned}
\tag{6-37}
$$

式中，S_{t+1} 是 $t+1$ 时刻的预测值，y_t 是时间 t 的实际值，S_t 是 t 时刻的预测值，α 为加权系数，其取值范围为[0,1]。

6.3.2 输变电设备状态参数的 EWMA 预测方法

如前所述，输变电设备的状态参数既受历史同期数据的影响，也受近期历史数据的影响，为得到更为准确的输变电设备状态参数的预测值，选取与预测时刻相同的历史同期状态数据$(x_{i-n,j},x_{i-n+1,j},x_{i-n+2,j},\cdots,x_{i-1,j})$，以及与预测时刻相近的近期历史数据$(x_{i,j-m},x_{i,j-m+1},\cdots,x_{i,j-l},\cdots,x_{i,j-1})$，分别得到以历史同期数据为依据的预测值：

$$S_{n+1}=\alpha_1 x_n+\alpha_1(1-\alpha_1)x_{n-1}+\alpha_1(1-\alpha_1)^2 x_{n-2}+\cdots+\alpha_1(1-\alpha_1)^{n-1}x_1+(1-\alpha_1)^n S_0$$

以及以近期状态数据为依据的预测值：

$$S_{m+1}=\alpha_2 x_m+\alpha_2(1-\alpha_2)x_{m-1}+\alpha_2(1-\alpha_2)^2 x_{m-2}+\cdots+\alpha_2(1-\alpha_2)^{m-1}x_1+(1-\alpha_2)^m S_0'$$

最后对两者的预测结果进行加权平均，得到综合预测值：

$$Y=\mu_1 S_n+\mu_2 S_m \tag{6-38}$$

式中，μ_1为考虑历史同期规律影响部分的预测权重；μ_2为考虑近期趋势影响部分的预测权重。$\mu_1+\mu_2=1$。

6.3.3 变压器油中溶解气体的 EWMA 预测方法算例

取某台变压器 2014 年 9 月 1 日到 2014 年 12 月 19 日共 110 天的油中溶解气体含量作为近期原始数据，对 2014 年 12 月 20 日至 2014 年 12 月 26 日一周的参数发展情况进行预测。

以 H_2 含量为例，当 EWMA 模型中系数 α 分别取不同值时，采用 EWMA 模型进行拟合所得误差情况如表 6-3 所示。从表中可以看出，在权重取 0.1 时，针对 H_2 含量进行拟合所得误差最小，α 在 0.5 以后，误差增加得较快。同样，对于其他种类的气体，经过分析可以发现，在 α 取较小值时，拟合误差都最小。这和采用近期数据进行预测时，数据量较多、时间较为接近、近期数据对预测点的影响区别较小有关。

α 取 0.1 ~ 0.4 时，个气体含量拟合的情况如图 6-8 所示。

表 6-3 采用近期数据在不同α时各气体浓度的拟合误差

气体	项目									
H_2	权重	0.1	0.2	0.3	0.4	0.5	0.6	0.7	0.8	0.9
	相对误差/%	3.072 3	3.114 7	3.200 7	3.299 5	3.408	3.528 8	3.666 1	3.824 5	4.008 7
CH_4	权重	0.1	0.2	0.3	0.4	0.5	0.6	0.7	0.8	0.9
	相对误差/%	0.112 7	0.118 2	0.113 5	0.131 2	0.113 8	0.116 0	0.119 3	0.123 4	0.128 5
总烃	权重	0.1	0.2	0.3	0.4	0.5	0.6	0.7	0.8	0.9
	相对误差/%	0.097 9	0.099 3	0.101 8	0.104 8	0.108 2	0.112 1	0.116 7	0.122 0	0.128 1
CO	权重	0.1	0.2	0.3	0.4	0.5	0.6	0.7	0.8	0.9
	相对误差/%	1.093 4	1.098 1	1.105 5	1.111 7	1.134 3	1.165 6	1.205 3	1.253 4	1.310 3
CO_2	权重	0.1	0.2	0.3	0.4	0.5	0.6	0.7	0.8	0.9
	相对误差/%	6.435 5	6.483 4	6.579 6	6.776 8	6.999 9	7.242 7	7.506 8	7.799 2	8.130 9
C_2H_4	权重	0.1	0.2	0.3	0.4	0.5	0.6	0.7	0.8	0.9
	相对误差/%	0.023 8	0.024 3	0.024 7	0.025 3	0.025 9	0.026 6	0.027 4	0.028 4	0.029 4
C_2H_6	权重	0.1	0.2	0.3	0.4	0.5	0.6	0.7	0.8	0.9
	相对误差/%	0.019 2	0.019 7	0.020 3	0.020 9	0.021 6	0.022 4	0.023 3	0.024 3	0.025 4

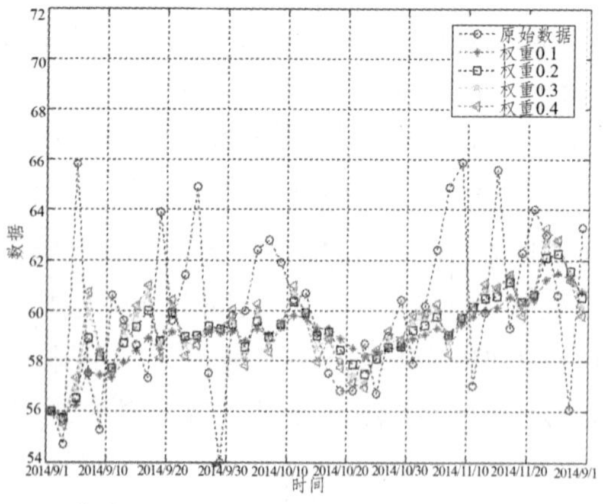

（a）不同权重时 H_2 浓度的拟合情况

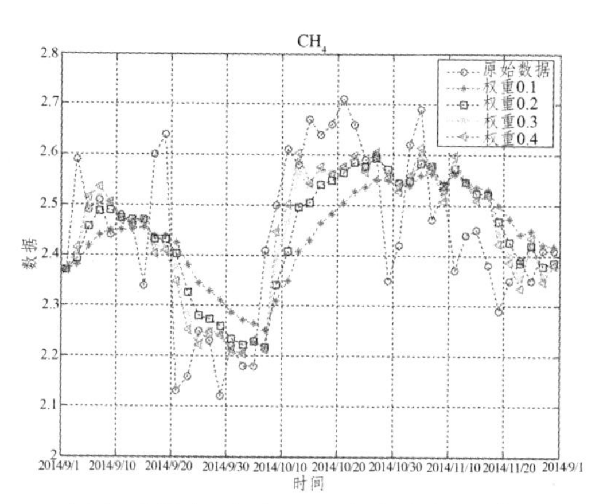

（b）不同权重时 CH_4 浓度的拟合情况

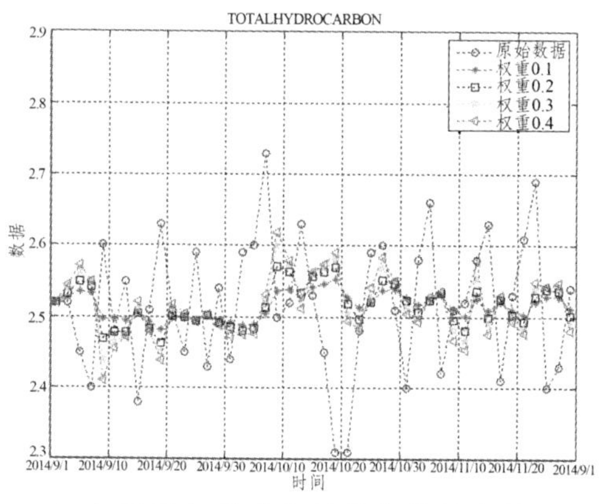

（c）不同权重时总烃浓度的拟合情况

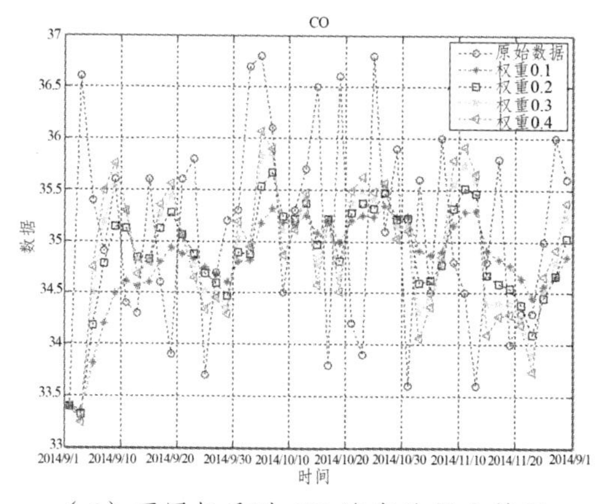

（d）不同权重时 CO 浓度的拟合情况

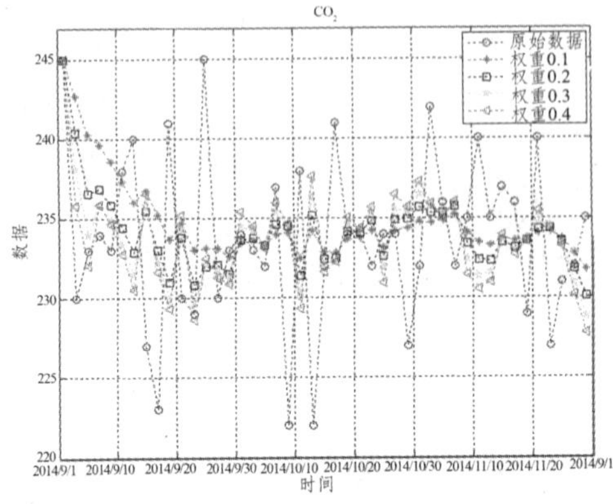

（e）不同权重时 CO_2 浓度的拟合情况

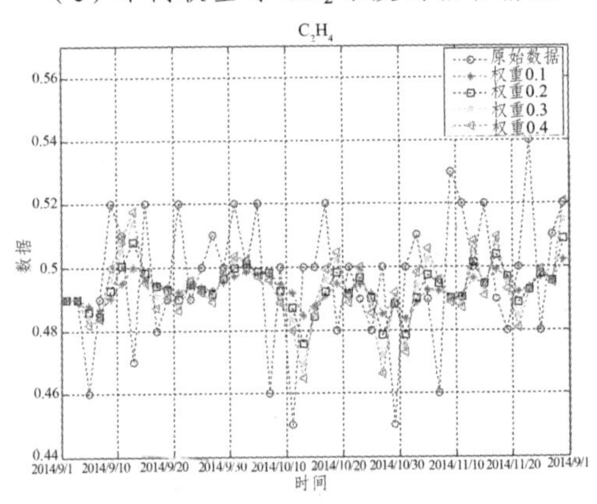

（f）不同权重时 C_2H_4 浓度的拟合情况

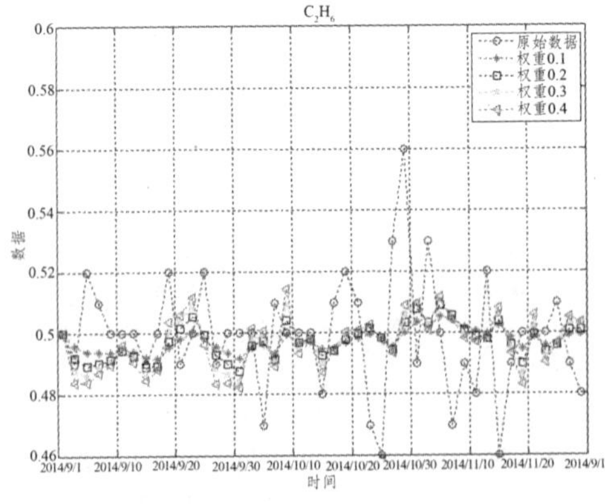

（g）不同权重时 C_2H_6 浓度的拟合情况

图 6-8　不同权重时各种气体的拟合情况

因此，采用近期历史数据做预测时，EWMA 的权重参数α取 0.1。

考虑历史同期数据对预测结果的影响，取 2009 年到 2014 年共 6 年的历史同期数据，采用上述方法进行分析（见表 6-4），可以发现，EWMA 模型的权重参数α取 0.9 时拟合的误差相对较小，这和历史同期数据数据量少、间隔时间长，靠近预测点数据影响大、远离预测点数据影响小有关。

表 6-4　采用历史同期数据在不同α时各气体浓度的拟合误差

		权重变化情况								
		0.1	0.2	0.3	0.4	0.5	0.6	0.7	0.8	0.9
相对误差情况	H_2	4.093 7	3.676 5	3.309 5	2.988 0	2.707 6	2.463 9	2.253 0	2.071 1	1.914 9
	CH_4	0.141 8	0.137 2	0.131 8	0.126 4	0.121 2	0.116 7	0.112 8	0.109 7	0.107 3
	总烃	0.124 0	0.119 2	0.113 9	0.108 6	0.103 7	0.099 5	0.096 0	0.093 4	0.091 6
	CO	2.200 1	2.107 7	2.004 1	1.896 9	1.792 6	1.695 7	1.609 6	1.535 9	1.475 4
	CO_2	8.960 0	8.615 9	8.226 3	7.826 1	7.441 4	7.089 6	6.779 9	6.515 2	6.294 0
	C_2H_4	0.060 8	0.057 8	0.054 5	0.051 2	0.047 9	0.044 7	0.041 7	0.034 0	0.036 5
	C_2H_6	0.070 4	0.067 3	0.064 0	0.060 7	0.057 5	0.054 6	0.052 1	0.050 1	0.048 6

因此，采用历史同期数据做预测时，EWMA 的权重参数α取 0.9。

将两者进行结合，得到既考虑历史规律影响、又考虑近期趋势影响的变压器油中溶解气体预测结果，对该台变压器 2014 年 12 月 20 日至 12 月 26 日共 7 天的油中溶解气体情况进行预测，预测的情况如图 6-9 所示，预测的效果如表 6-5 所示。

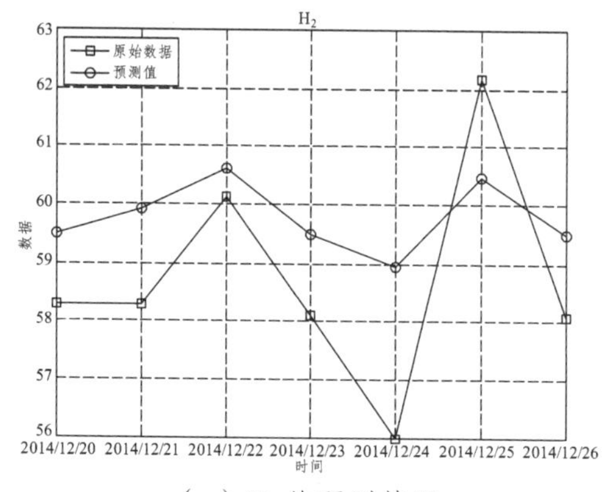

（a）H_2的预测情况

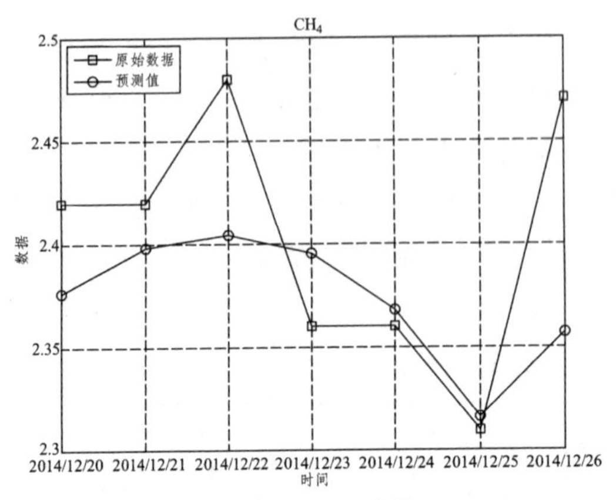

（b）CH_4 的预测情况

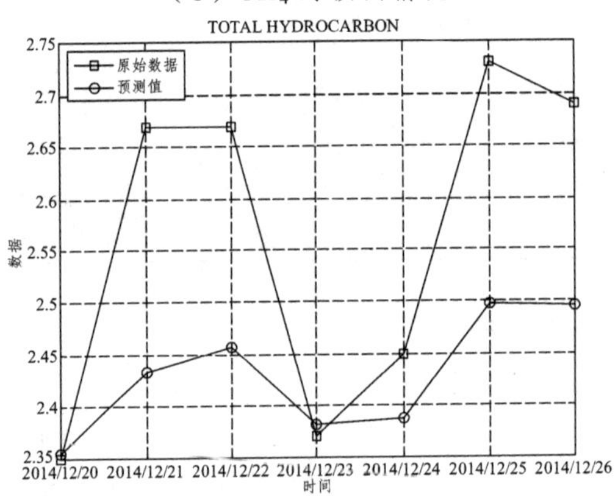

（c）总烃的预测情况

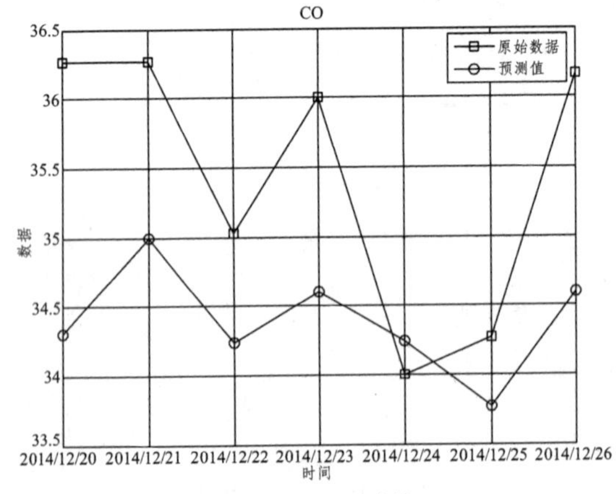

（d）CO 的预测情况

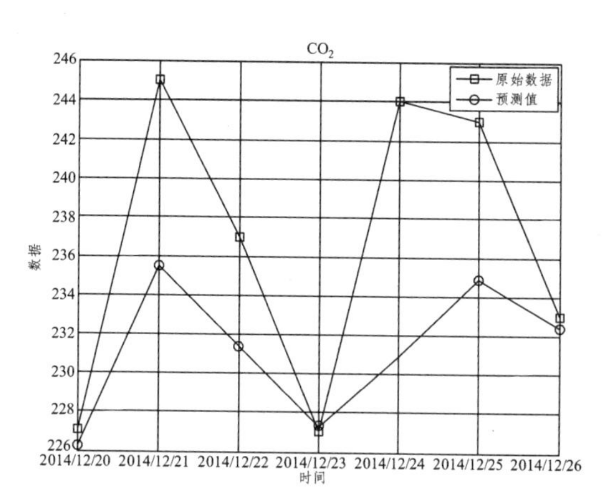

（e）CO_2 的预测情况

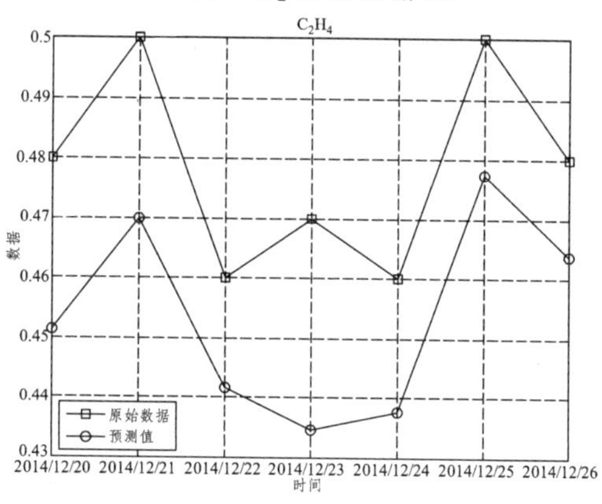

（f）C_2H_4 的预测情况

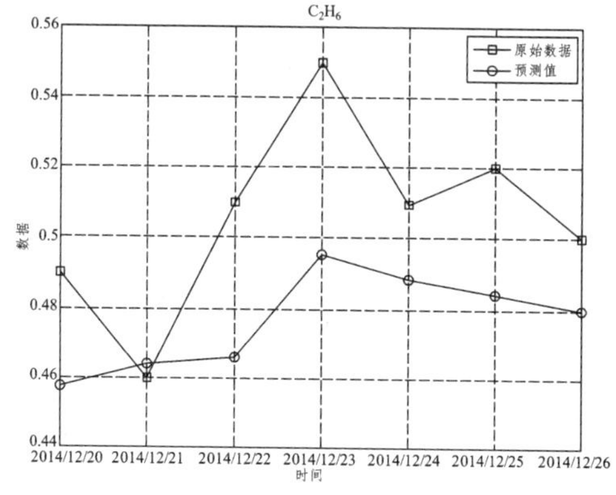

（g）C_2H_6 的预测情况

图 6-9　七种气体一周的预测情况与实际值对比

表 6-5　三种预测方法的平均相对误差

	平均相对误差						
	H_2	CH_4	总烃	CO	CO_2	C_2H_4	C_2H_6
仅考虑近期数据	0.012 6	0.027 4	0.051 8	0.044 7	0.034 4	0.117 8	0.106 7
仅考虑同期数据	0.042 5	0.022 8	0.062 7	0.303	0.031 2	0.033 0	0.041 3
综合	0.026 3	0.017 8	0.051 3	0.030 8	0.022 4	0.051 6	0.058 7

由表 6-5 可以看到，在考虑历史同期数据的影响后，预测的精度并没有相应地提高，反映出在没有特殊规律性影响的时期内，可不考虑历史同期状态数据的影响。

6.4 小　结

输变电设备的历史状态数据体现了设备状态发展变化的规律和趋势，利用输变电设备状态的历史数据对未来的趋势及可能的状态进行预测将有助于对设备可能出现的故障情况进行提早预防，从而避免故障的发生。

灰色模型对于输变电设备状态的平稳参数具有较好的预测作用，较适宜用于正常运行状态下对输变电设备状态参数的预测。而 EWMA 模型将预测所用的历史数据赋予不同的权重：离预测点近的数据权重大，对预测结果的影响大；离预测点远的数据权重小，对预测结果的影响小。相对于灰色模型，EWMA 要更符合实际情况，预测的精度也要更高。由于故障隐患阶段输变电设备的状态参数的发展具有累积性，呈现较强的非线性，Logistic 模型更适宜用于故障隐患阶段的数据预测。

第7章

输变电设备健康评价及故障诊断的应用

在前面几章研究输变电设备健康管理统一数据平台构建技术及数据分析方法的基础上，本章结合某省电网实际，搭建了该省电网输变电设备健康管理与故障预警云服务平台，收集了该省电网部分变电站设备的状态数据，对系统的功能进行了展示与分析。

7.1 系统开发的背景

某省电力有限公司是国家电网有限公司的全资子公司，是以电网建设、管理、运营为核心业务的国有特大型能源供应企业，承担着为该省经济社会发展和人民生产生活提供电力供应与服务的重要使命。

随着供电需求迅猛增长，该省电网的规模越来越大。截至 2017 年 7 月 31 日，该省电网下辖 500 kV 变电站 21 座，220 kV 变电站 151 座，110 kV 变电站 488 座，110 kV 及以上输电线路 1466 条，总长度 30 593 千米。该省电网中 35 kV 及以上设备数量合计 129 955 台，具体统计如表 7-1 所示。

表 7-1　某省电网 35kV 以上设备数量统计（截至 2017 年 7 月）

设备类型	交流 500 kV	交流 220 kV	交流 110 kV	交流 66 kV	交流 35 kV	合计
主变压器	99	256	867	0	1 441	2 663
所用变	0	0	2	0	622	624

续表

设备类型	交流 500 kV	交流 220 kV	交流 110 kV	交流 66 kV	交流 35 kV	合计
接地变	0	0	0	0	2	2
断路器	208	1 329	3 406	0	5 043	9 986
隔离开关	1 048	8 640	19 475	25	16 320	45 508
熔断器	0	1	10	0	2 337	2 348
母线	42	393	1 089	0	1 460	2 984
电抗器	51	0	0	7	111	169
电流互感器	684	3 926	9631	0	12 032	26 273
电压互感器	419	1 855	4746	0	3 524	10 544
组合互感器	0	12	28	0	15	55
电力电容器	0	0	0	0	79	79
耦合电容器	0	347	152	0	89	588
避雷器	466	3 399	9 359	21	11 195	24 440
消弧装置	0	0	0	0	36	36
组合电器	24	253	639	0	0	916
开关柜	0	0	0	0	725	725
放电线圈	0	1	4	0	45	50
绝缘子	69	90	54	2	672	887
穿墙套管	0	1	10	0	70	81
阻波器	60	552	177	0	95	884
站内电缆	0	1	5	0	107	113
合计	3 170	21 056	49 654	55	56 020	129 955

在电网规模日渐扩大的背景下，电网运营维护人员数量增长的速度跟不上电网规模扩大的速度，导致现场运营维护人员的工作量日渐增加，工作压力逐渐增大。输变电设备健康管理及故障预警云服务平台的建设将通过信息化、智能化手段实现对电网输变电设备状态的准确把握，为

实现设备的状态检修以及预防性维修提供依据，从而有望减少现场工作人员的工作量，减少甚至避免故障的发生，减少由于设备故障而导致停电所造成的损失。

7.2 系统开发的思路

根据第 2 章云服务平台架构的论述，结合该省电网已有部分信息系统的特点，为加快系统开发进度，使用 Gradle 实现项目管理，项目组成模块化，以提高项目的易开发性、扩展性。以 Spring MVC 为模型视图控制器，MyBatis 为数据访问层，Apache Shiro 为权限授权层，Solr 为搜索应用服务器，并使用 Redis 对常用数据进行缓存，Quartz 定时调度系统动态配置任务规则。前端集成 VUE 框架，UI（用户接口）采用响应式、扁平化布局，适应所有 PC、Pad、Anroid、iOS 移动设备等。基于上述开发思想的云服务平台系统技术体系结构如图 7-1 所示。

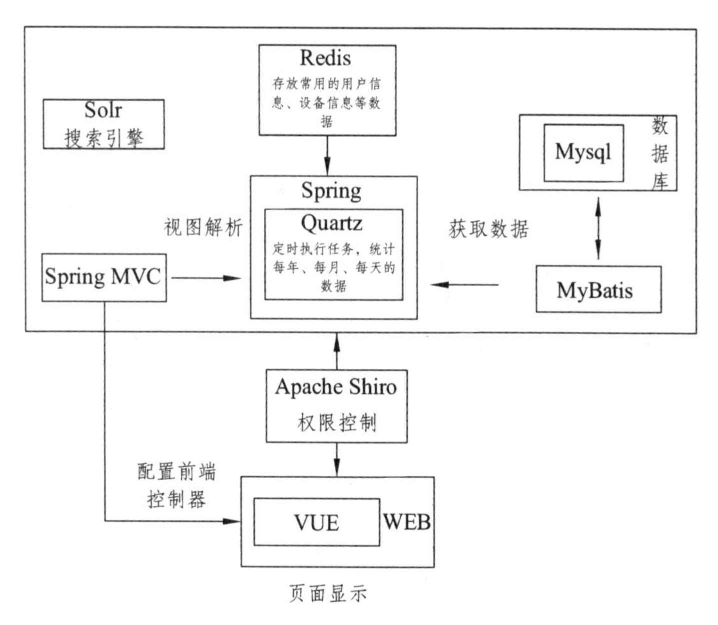

图 7-1　输变电设备健康管理与故障预警云服务平台技术体系结构

系统所涉及的硬件如表 7-2 所示。

表 7-2 系统硬件架构

序号	设备名称	数量
1	内网通信服务器	1
2	外网通信服务器	1
3	交换机	2
4	反向隔离装置	1
5	无线路由器	1
6	移动 APP	2
7	智能数据采集移动终端	2
8	WiFi SD 卡	1

涉及的软件及相关插件如下：

（1）操作系统。

内网通信服务器操作系统：Windows Server 2008；

外网通信服务器操作系统：Red Hat Enterprise Linux 6.6。

（2）集成开发环境：IDEA。

（3）Web 服务器：Tomcat。

（4）数据库：Mysql，Redis。

（5）本体构建及语义推理：Gradle。

（6）其他工具：Git。

7.3 系统的基本功能

根据第 2 章对系统功能的分析，建立输变电设备健康管理与故障预警云服务平台的功能模型，如图 7-2 所示。

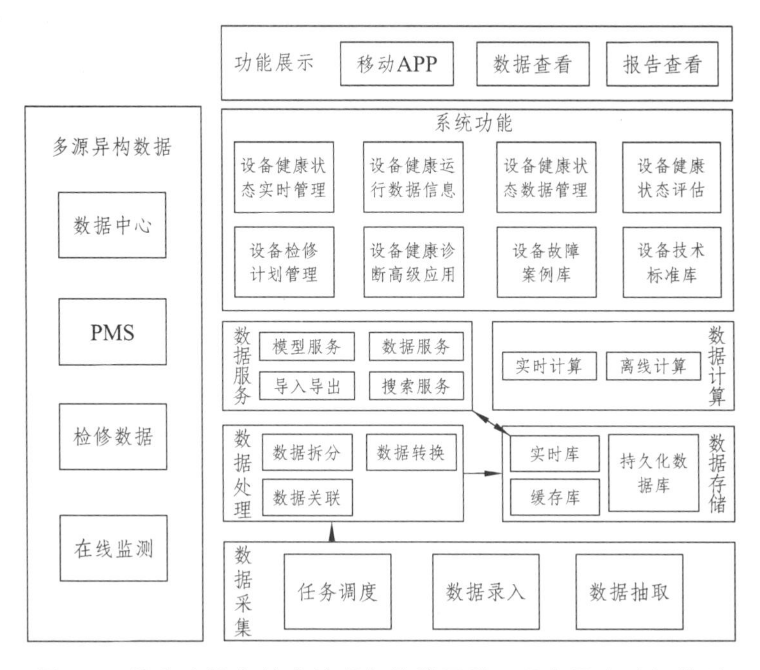

图 7-2　输变电设备健康管理与故障预警云服务平台功能模型

在此基础上开发的输变电设备健康管理及故障预警云服务平台的系统界面如图 7-3 所示。

图 7-3　输变电设备健康管理及故障预警云服务平台系统界面图

系统共有 8 个功能模块，具体包括：

1. 设备健康状态实时管理

将设备台账数据与设备异常数据按全省划分的 11 个地区分别进行统计，统计后的数据以图表的形式进行展示。目前系统仅录入南昌分公司部分变电站设备的状态信息。健康状态实时统计的显示如图 7-4 所示。

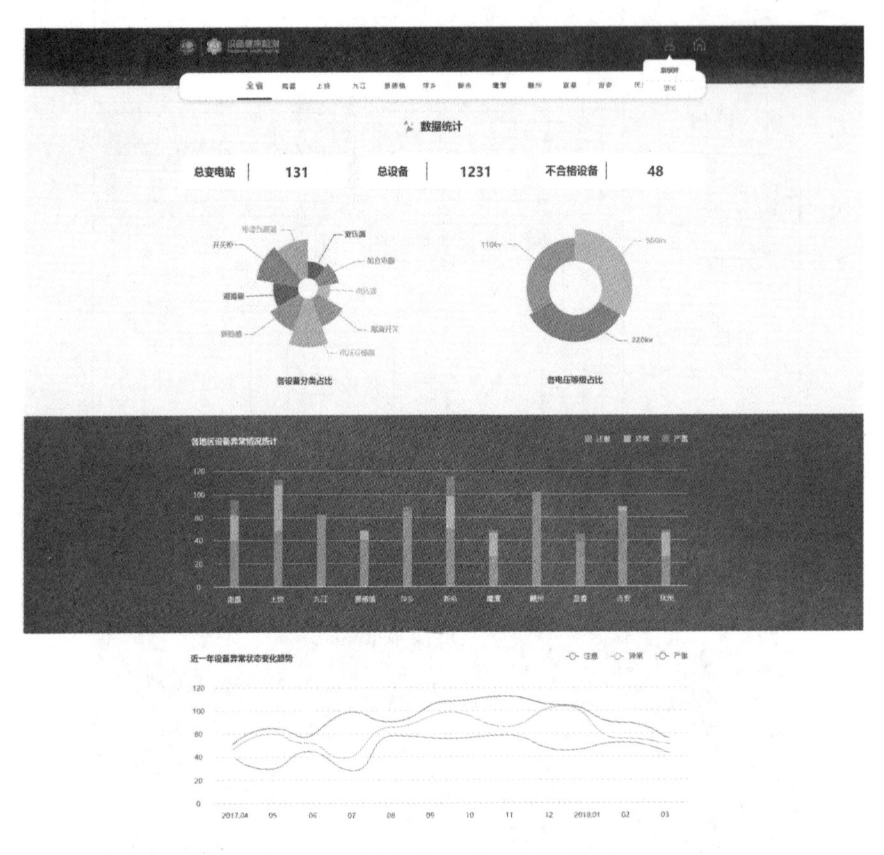

图 7-4 健康状态实时统计界面

统计分类的依据如图 7-5 所示。统计形式如下：

（1）以变电站为单位统计的设备个数。

（2）以设备分类来统计的设备个数。

（3）以设备电压等级来统计的设备个数。

（4）以设备异常情况来统计的设备个数。

最后将近一年的设备异常状态变化趋势以曲线的形式显示。

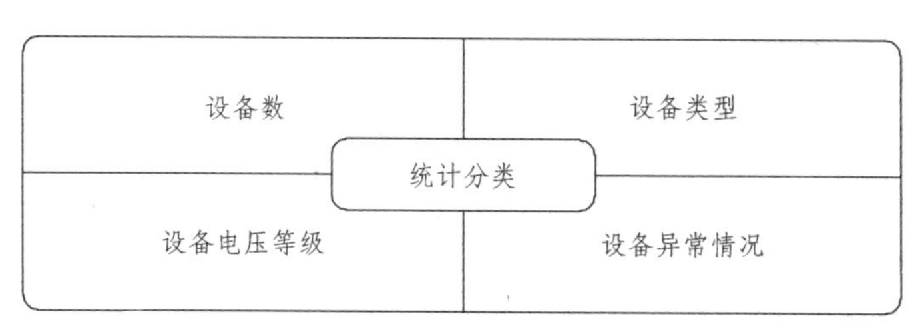

图 7-5　统计分类的依据

2. 设备健康运行数据信息

数据分为变电站与变电站所属设备两部分。其系统界面如图 7-6 所示。

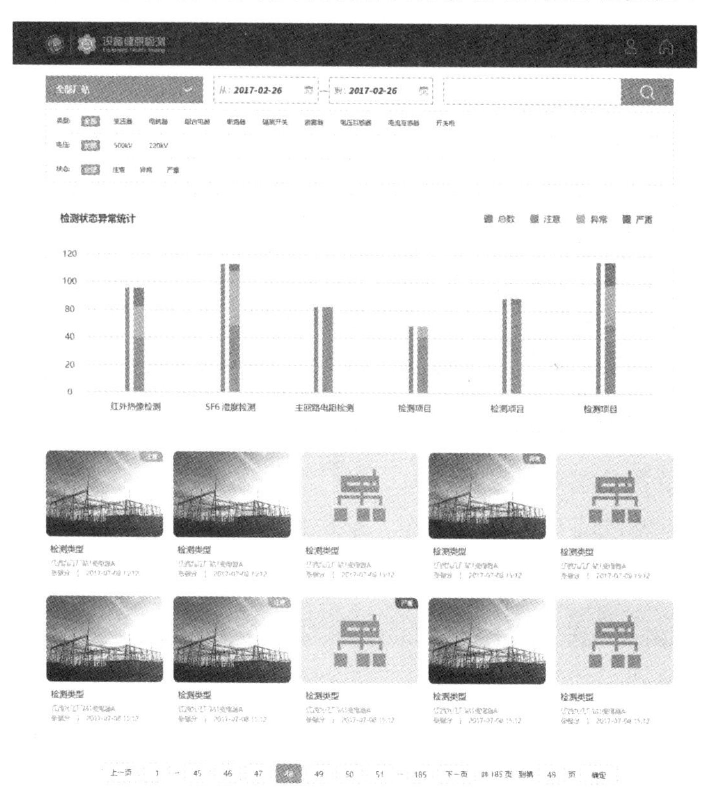

图 7-6　设备健康数据信息

1）变电站

根据条件选择相应的变电站，显示该变电站的基础信息、无故障运行天数、告警信息、运行信息；将此变电站所属的设备以设备类型进行统计，同时根据设备异常状态统计来显示此变电站中设备的情况信息。

2）变电站所属设备

根据条件选择相应的变电站所属设备，显示该设备的台账信息、缺陷信息、告警信息、实时信息、生命周期，以及当前设备的三维图。

其中，实时信息包括实时负荷、实时电压、实时电流、实时铁芯温度、泵管绝缘、铁芯绝缘、油色温、散热器。

可以按生命周期显示该设备从出厂至今所有的故障、检修、检测信息以及对应的时间。

3. 设备健康状态数据管理

根据检测项目条件筛选出符合条件的历史检测计划，并实时统计筛选出来的结果，以检测状态异常情况分类，形成曲线显示筛选结果统计情况。

选择筛选结果显示该历史检测计划的检测数据，该显示检测设备的基本台账信息,并可通过选择不同的数据属性生成历史数据的对比曲线。

根据检测结果数据生成检测报告。

点击生命周期链接，显示该设备的生命周期情况。

4. 设备健康状态评估

根据设备状态条件筛选出符合条件的设备，并实时统计筛选出来的结果，以检测状态异常情况分类，形成曲线显示筛选结果统计情况。设备健康状态信息如图 7-7 所示。

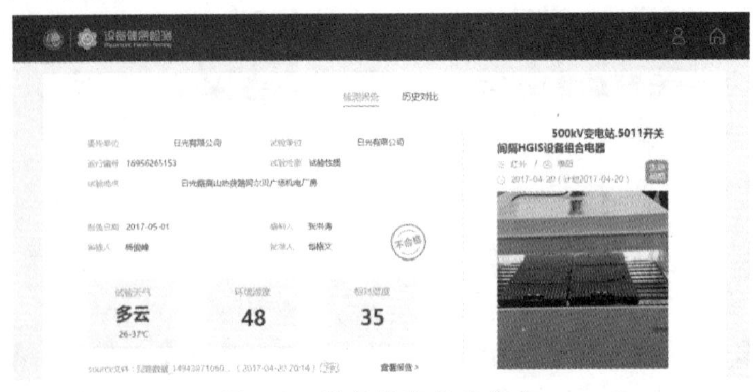

图 7-7　设备健康状态信息

5. 设备检修计划管理

根据计划完成条件筛选出符合条件的检测计划,并根据筛选出来的结果进行统计，显示本月各地市的计划数与上月各地市计划完成数。

可筛选显示该检测计划的执行情况，如上次检测时间，上次检修结果，计划检修时间，执行人员，检修项目，计划状态，检修内容。可在计划执行之前修改该计划的内容，在检测计划完成后根据检测结果选择该计划的计划状态，并确认完成检测计划。

点击生命周期链接，可显示该设备的生命周期情况。

6. 设备健康诊断高级应用

可通过链接的形式进入其 3 个系统，分别为：变压器故障诊断，设备红外检测智能诊断，基于可见光绝缘子污秽检测，如图 7-8 所示。

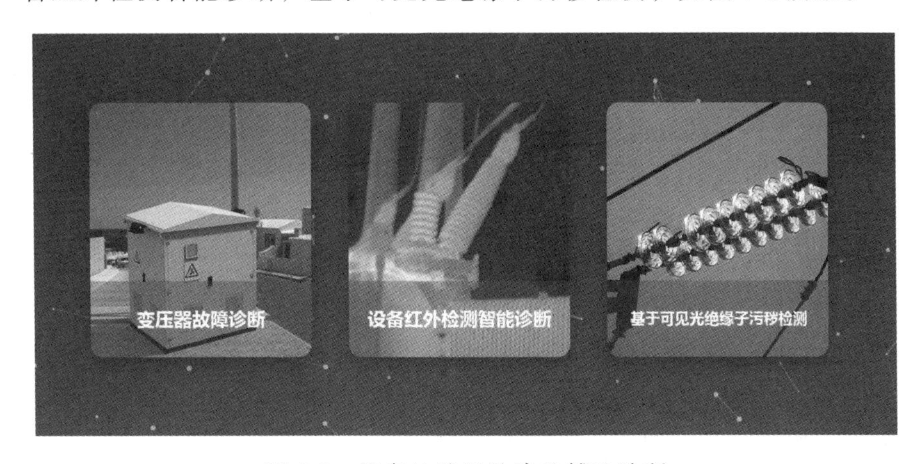

图 7-8　设备缺陷及故障的辅助诊断

7. 设备故障案例库

该模块存放所有已发生的设备故障案例，如图 7-9 所示。增加单个故障案例时分为 4 个部分进行添加，每个部分可填写相应的案例内容，并上传相应的故障模块图片。可对案例列表中的案例进行下载与删除操作。

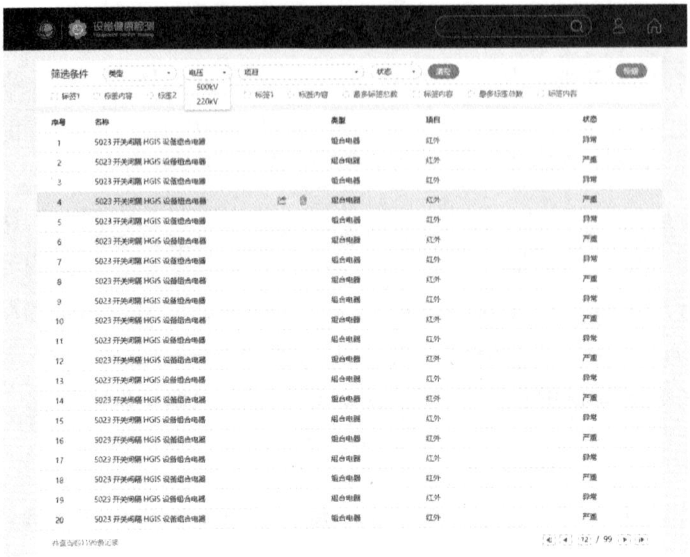

图 7-9　设备故障的案例库

8. 设备技术标准库

该模块存放设备技术标准，支持技术标准文档的上传与删除。

该模块与数据统一管理系统相配合，开发了可实现数据自动上传功能的蓝牙 U 盘、移动管理终端及相应的 APP。

数据采集移动终端采用新唐 NUC972DF62Y 型芯片，该芯片是以 ARM926EJS 为核心的系统级单芯片，包含了 16 KB I-Cache 以及 16 KB D-Cache 以及 MMU 存储管理模块，最高支持 300 MHz 频率，提供有 USB 快速 Host/Device 等。新数据采集移动终端经过测试，可以由检测设备（回路电阻测试仪）识别。

数据采集移动终端还集成了蓝牙模块和温湿度模块，支持蓝牙数据传输和温湿度监控。蓝牙采用利达尔 LSD4BT-L74MSTD0 低功耗蓝牙模块，模块板载 PCB 天线，支持蓝牙 4.0，支持 BLE 协议，具有功耗低、体积小、抗干扰能力强等特点。温湿度检测模块集成了来自 Silicon lab 的高品质 Si7021 温湿度传感器，应用了专用的数字模块采集技术和温湿度传感技术，确保产品具有较高的可靠性与长期稳定性。内置了湿度（湿敏电容）和温度（热敏电阻）传感器元件、模拟数字转换器、信号处理、

校准数据和 I^2C 主机接口，模块体积小，温度测量精度可达±0.4 °C，Si7021 传感芯片通过 I^2C 接口与一个 8 位单片机 STM8S 连接，STM8S 再引出 UART 接口与主 CPU UART 接口进行数据交换。蓝牙及温度模块如图 7-10 所示。

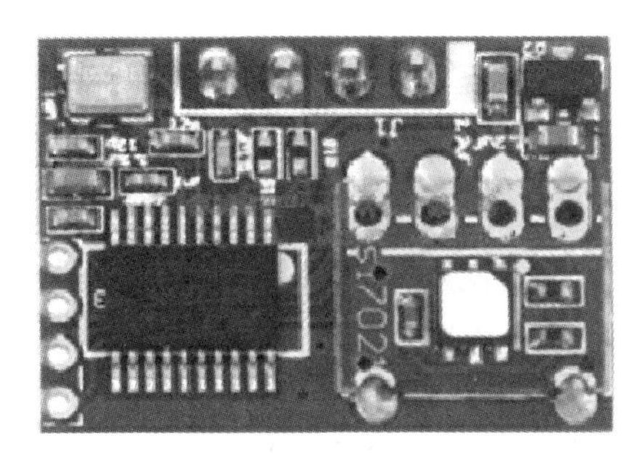
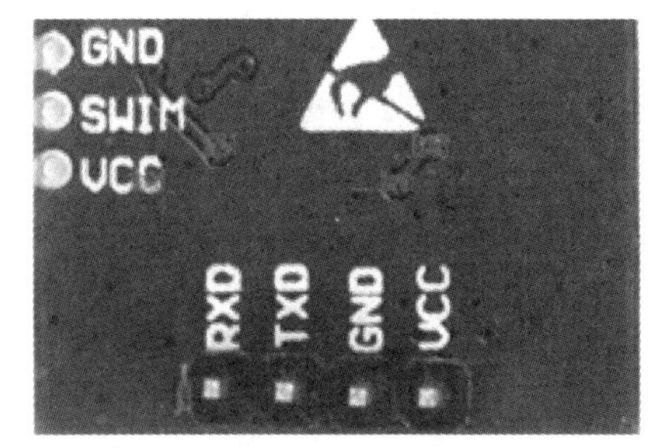

图 7-10　蓝牙及温湿度模块

数据采集移动终端通过硬件原理设计、PCB 制图、焊接打样、ARM 系统裁剪编译、UBIFS 文件系统制作、系统集成调试、外壳制作，最后完成了蓝牙 U 盘的开发，蓝牙 U 盘的尺寸如图 7-11 所示。

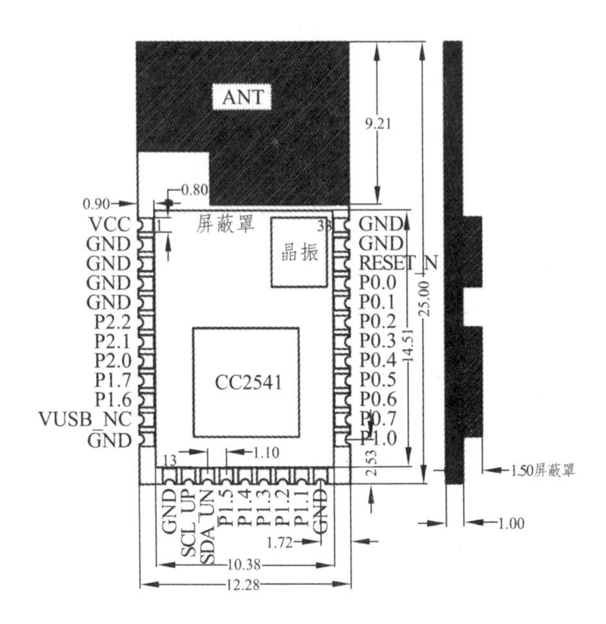

图 7-11　蓝牙及温湿度模块

蓝牙 U 盘的 PCB 板图如图 7-12 所示。

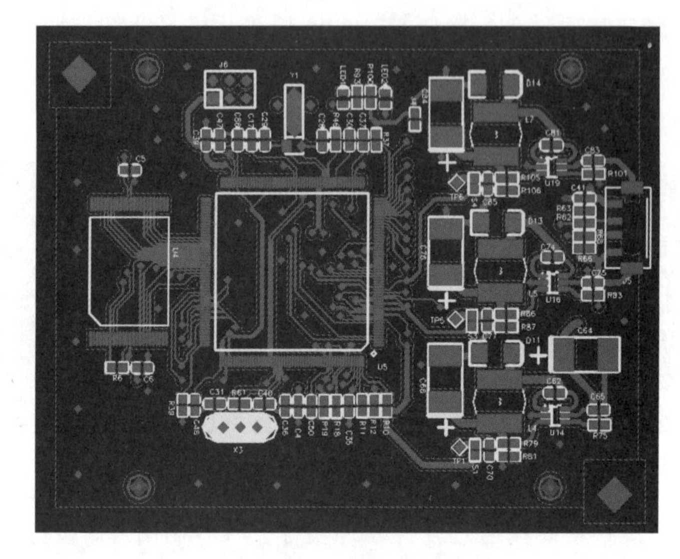

（a）PCB 板正面图

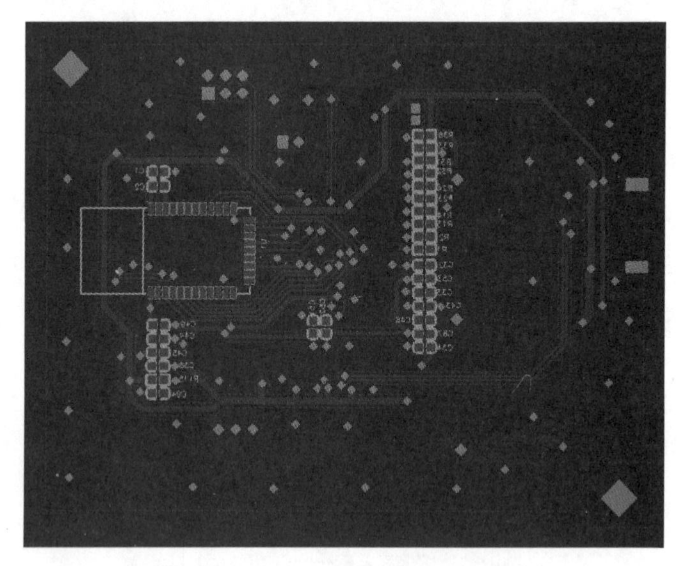

（b）PCB 板背面图

图 7-12　PCB 图

制作的蓝牙 U 盘实物如图 7-13 所示。

图 7-13　蓝牙 U 盘实物图

基于 Pad 开发了相应的移动管理终端，可导入测试计划，实现检测计划的管理、测试数据的获取及上传。移动管理终端 APP 的部分界面及功能如图 7-14 所示。

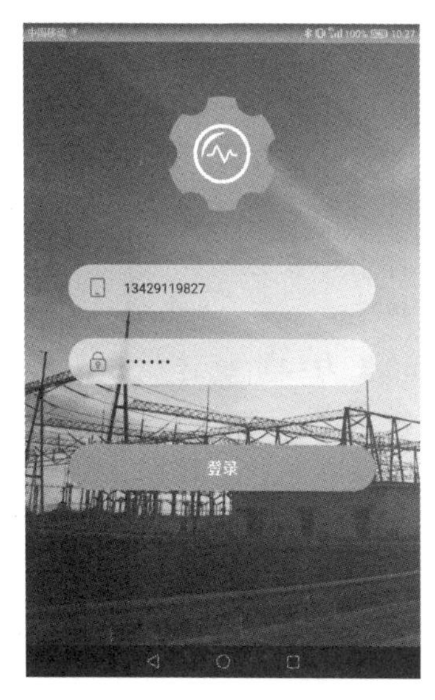

（a）登录界面

（b）检测管理界面

（c）检测终端数据获取界面

（d）检测结果界面

图 7-14 移动管理终端 APP 界面

7.4 输变电设备缺陷与故障的辅助诊断

7.4.1 设备状态的多元统计评价

基于多元统计分析的输变电设备状态评价软件符合电力系统全景数据采集的发展趋势，具有传统设备状态评价软件所不具有的特点：

（1）可对输变电设备的多个状态参数做多元统计分析，不仅能发现设备状态指标的变化情况，而且能发现各指标相互之间关联关系的变化情况，对输变电设备状态的变化比较敏感。

（2）将输变电设备的多个指标参数转化为一个统计参数，并以图形的形式直观表示出来，能判断并显示异常状态。

（3）操作简单，只需人工选择需分析判断的状态数据，评价过程无须人工参与。

（4）评判限值由设备状态数据的统计量值得到，避免阈值设定主观性的影响。

设备状态参数多元统计分析主界面如图 7-15 所示。其提供对不同设备状态数据进行选择、读取、显示的功能，可手动选择以 Excel 文件保存的设备状态数据报表文件，读取其中的状态数据，并对报表中的参数名称、参数量值进行提取、区分和显示。

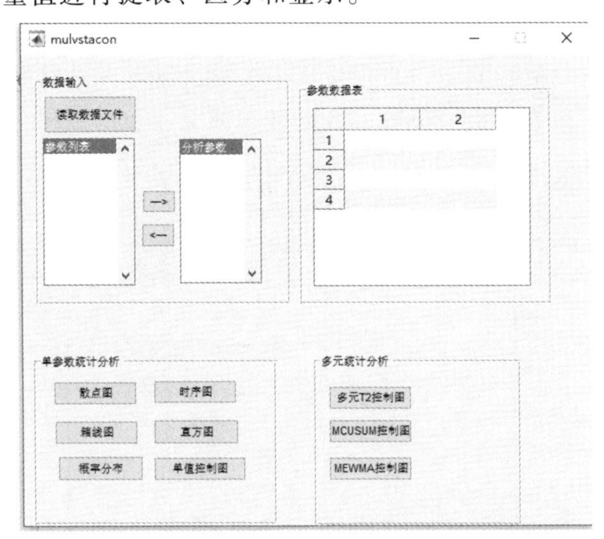

图 7-15　设备状态参数多元统计分析主界面

在软件界面上部，以交互方式实现设备状态参数文件的选择，并将分析文件中设备状态参数的名称在参数表中显示出来供选择，分析文件中设备状态的数值在参数数据表中显示。

参数列表可显示待分析的设备状态数据文件中所有的参数名称，供后续分析选择，如图 7-16 所示。可通过双击方式将列表中的参数选中至“分析参数列表”中，作为后续参数分析的对象；也可单击参数列表中的某项参数后，点击“→”按钮将该参数移至“分析参数列表”中。

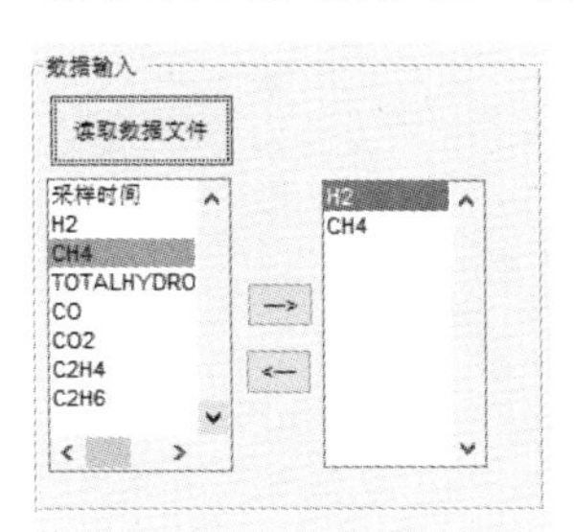

图 7-16　分析参数的选择和移除

分析参数列表可显示被选中的设备状态参数名称，这是后续进行分析判断的对象。参数数据表则可显示待分析的设备状态数据文件中的参数数据。

软件可对选中的分析参数的统计特性进行分析，并绘制其统计特性图：绘制被选中参数的散点图、时序图、箱线图（见图 7-17）、直方图、概率分布图及单值控制图，显示被选中参数的基本统计特性，如时序波形、最小值、最大值、中位数、数据分布情况、数据概率分布情况等。

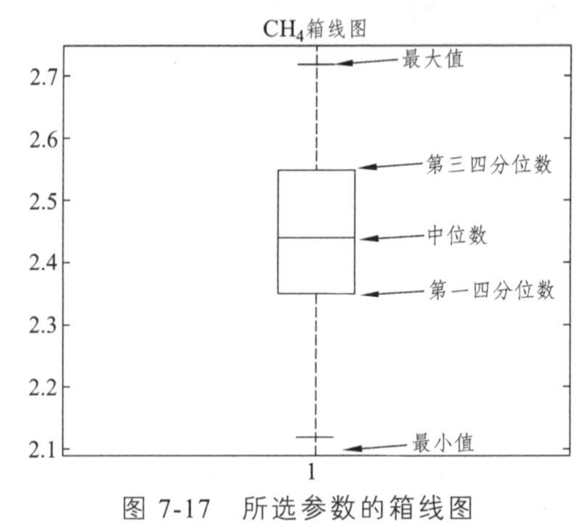

图 7-17　所选参数的箱线图

软件可对选中的分析参数进行多元统计分析，绘制多元统计控制图，如多元 T^2 控制图、多元累积和控制图（MCUSUM）、多元指数加权滑动平均控制图（MEWMA），对设备的状态数据进行监控，对设备的异常状态进行判断和提示，如图 7-18 所示。

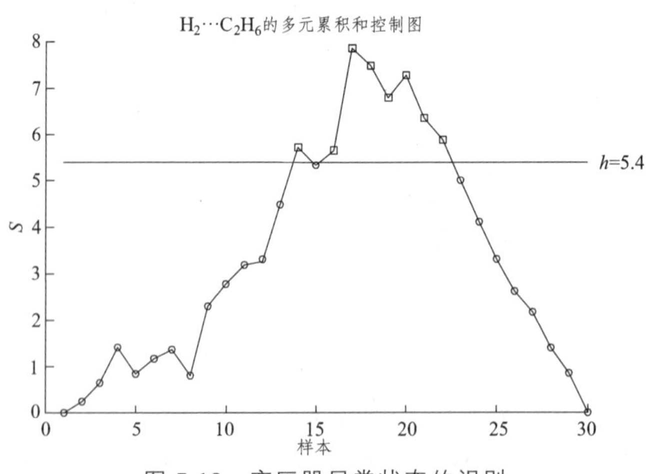

图 7-18　变压器异常状态的识别

下面利用该程序对某台变压器的故障实例进行了分析。

该主变型号为 SSZ-150000/220，2012 年 6 月投运。2014 年 10 月 24 日，主变本体油中溶解气体经分析发现本体油中乙炔含量为 3.73 μL/L；2015 年 4 月 19 日，本体乙炔含量增长至 16 μL/L，有载开关油中乙炔含量为 492.7 μL/L；2016 年 6 月 8 日，主变本体油中乙炔含量达到了 11.2 μL/L，且呈增长趋势；2016 年 7 月 12 日，主变本体油中乙炔含量为 17.6 μL/L。取样化验的油中溶解气体含量如表 7-3 所示。

利用多元统计分析程序对化验数据进行分析，绘制的多元累积和控制图如图 7-19 所示。从图 7-19 中可以看到，多元累积和控制图中第 20 点出现越限，即 2015 年 4 月 19 日的检测数据出现异常，结合表 7-3 所列数据，可以看到评价结果是准确的。

需要指出，分析所用的化验数据，其间隔周期较长，如有较为准确的在线监测数据，该方法的分析结果会更为灵敏。

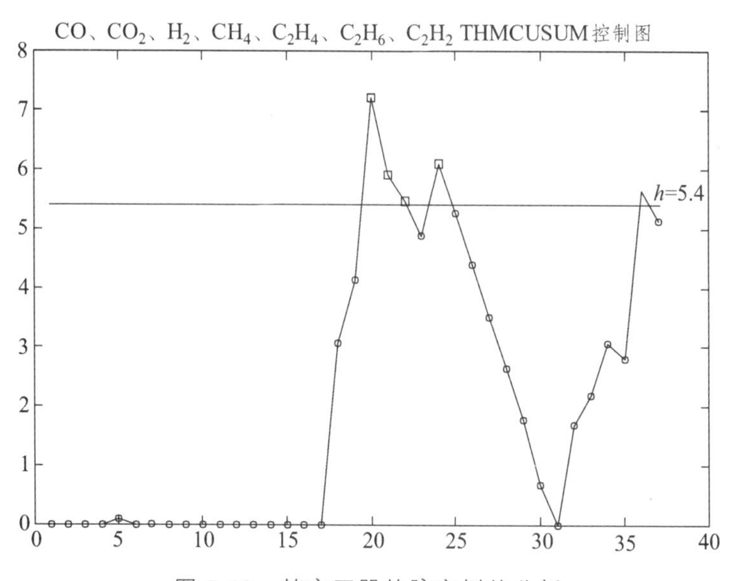

图 7-19　某变压器故障案例的分析

表 7-3　变压器油中溶解气体含量值/（μL/L）

时间	油温	负荷	CO	CO_2	H_2	CH_4	C_2H_4	C_2H_6	C_2H_2	TH
2012/6/29	0.00	0.00	16.00	319.00	7.80	0.68	0.00	0.00	0.00	0.68
2012/7/2	0.00	0.00	19.00	321.00	8.70	0.70	0.00	0.00	0.00	0.70
2012/7/11	0.00	0.00	22.00	266.00	8.90	0.60	0.00	0.00	0.00	0.60
2012/8/10	0.00	0.00	31.00	271.00	9.00	0.60	0.00	0.00	0.00	0.60
2012/10/26	0.00	0.00	52.00	582.00	6.82	1.69	0.23	0.00	0.00	1.92
2013/3/13	24.00	7.10	52.00	357.00	14.09	1.30	0.60	0.00	0.00	1.90
2013/7/26	40.00	0.00	55.00	438.00	13.66	1.60	0.40	0.00	0.00	2.00
2014/4/16	46.00	9.90	59.00	453.00	16.00	1.70	0.30	0.00	0.00	2.00
2014/10/24	43.60	17.50	66.55	195.40	26.71	2.09	0.70	0.00	3.73	6.52
2014/10/27	47.60	17.90	57.78	268.27	19.09	1.94	0.77	0.33	3.48	6.52
2014/10/30	38.00	18.70	56.81	338.45	16.87	2.12	0.87	0.00	4.23	7.22
2014/11/7	18.58	28.50	70.90	295.10	21.08	2.17	0.85	0.00	4.02	7.04
2014/12/2	20.00	35.37	63.23	356.21	16.99	2.03	0.87	0.28	3.04	6.22
2015/1/6	24.00	8.92	66.00	380.23	18.07	2.09	0.96	0.23	3.52	6.80
2015/2/9	19.00	28.58	68.00	425.66	19.14	2.23	1.00	0.00	4.69	7.92
2015/3/27	37.00	15.88	53.97	160.92	34.16	2.10	1.06	0.00	6.71	9.87
2015/4/13	42.00	16.97	67.63	276.54	16.27	2.24	1.30	0.00	8.15	11.69
2015/4/13	42.00	16.97	66.00	502.00	32.00	3.20	2.60	0.60	12.00	18.00
2015/4/19			62.00	362.00	54.60	3.80	2.10	0.80	16.00	22.70

续表

时间	油温	负荷	CO	CO_2	H_2	CH_4	C_2H_4	C_2H_6	C_2H_2	TH
2015/4/19			66.00	769.00	265.70	83.10	72.70	3.90	492.70	652.00
2015/7/25	39.70	6.60	18.00	223.00	3.40	0.92	0.00	0.00	0.00	0.90
2015/8/24	34.63	7.21	8.00	84.00	4.30	0.45	0.00	0.00	1.30	1.75
2015/9/7	38.00	6.68	8.60	99.00	5.00	0.41	0.00	0.00	1.40	1.81
2015/9/7	38.00	6.68	40.00	775.00	8.00	17.40	4.50	0.20	22.70	44.80
2015/9/15	31.62	12.70	11.90	216.00	5.80	0.50	0.00	0.00	1.80	2.30
2015/9/28	33.84	18.00	11.00	215.00	2.70	0.60	0.00	0.00	1.50	2.10
2015/10/10	28.00	17.30	12.00	230.00	4.80	0.80	0.40	0.30	2.10	3.60
2015/11/19	28.00	18.20	11.40	350.00	3.10	0.91	0.40	0.40	2.20	3.91
2016/2/5	22.00	21.60	12.00	362.00	4.50	0.70	0.30	0.40	1.40	2.80
2016/6/8	42.00	17.50	16.00	312.00	16.20	2.30	1.50	0.00	11.20	15.00
2016/6/12	36.23	45.91	20.00	258.00	30.00	2.60	1.90	0.00	13.30	17.80
2016/6/12	36.23	45.91	145.00	2663.00	37.00	68.70	8.80	0.70	43.40	121.60
2016/6/13	36.23	45.91	22.60	271.40	29.20	2.62	2.28	0.85	16.42	22.17
2016/6/29	33.31	13.93	27.00	416.00	51.00	3.80	2.30	0.30	15.00	21.40
2016/7/3	37.44	21.08	23.00	310.00	37.70	2.96	2.19	0.00	16.08	21.23
2016/7/3	37.44	21.08	280.50	4433.00	166.70	137.64	13.97	1.10	68.86	221.57
2016/7/13			16.00	489.00	16.00	2.90	2.70	0.40	17.60	23.60

7.4.2 设备状态的红外智能诊断

红外检测是输变电设备状态检测的一种常用手段。目前红外检测的设备多、任务重，但检测之后设备状态的判断主要依靠人工进行，主观因素影响大，效率低下。

本小节研究了利用图像处理技术对红外检测图像进行背景分割、结构划分的方法，研究了不同设备类型故障的判断方法，在此基础上开发了红外智能诊断程序，可实现对红外图像的批量化自动处理，以提高红外检测诊断的效率，减轻人员的工作压力。

1. 基于改进区域生长法的红外图像分割

采用二维 Otsu 阈值法与区域生长法相结合的方法实现红外图像的分割，即以周围像素的高度相似性作为条件选取种子像素，以二维 Otsu 阈值法确定的阈值作为生长准则。

二维 Otsu 阈值法在考虑像素点灰度值 $f(x, y)$ 的基础上引入平均灰度值 $g(x, y)$ 构成二维属性直方图。在直方图中，图像背景像素点和目标像素点分别分布在对角线附近。选取二维向量（s，t）将二维直方图分成 4 个区域，即目标区域、背景区域和 2 个边缘噪声区域，如图 7-20 所示。

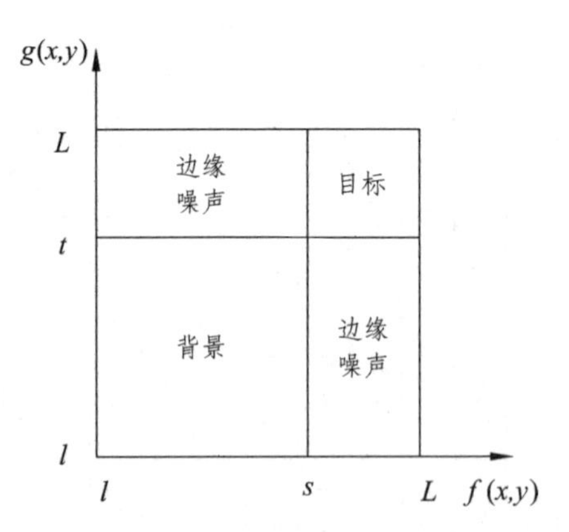

图 7-20 二维直方图的区域划分

对于一幅灰度级为 L 的 $M \times N$ 的图像，其背景与目标两类区域的灰

度均值矢量分别为 $\mu_0(s,t)$ 和 $\mu_1(s,t)$，总均值矢量为 μ_T。类间的离散度矩阵：

$$S_B=\sum_{k=0}^{1}w_k[(\mu_k-\mu_T)(\mu_k-\mu_T)^T] \tag{7-1}$$

以 S_B 的迹作为类间的离散度测度：

$$\begin{aligned}\mathrm{tr}(S_B)=&w_0[(\mu_{0i}-\mu_{Ti})^2+(\mu_{0j}-\mu_{Tj})^2]\\&+w_1[(\mu_{1i}-\mu_{Ti})^2+(\mu_{1j}-\mu_{Tj})^2]\end{aligned} \tag{7-2}$$

最佳阈值（S，T）满足：

$$\mathrm{tr}(S_B(S,T))=\max\{\mathrm{tr}(S_B(s,t))\} \tag{7-3}$$

区域生长法的基本步骤是：① 选择一个（组）种子像素作为生长点；② 把生长点周围满足生长准则的像素点纳入种子像素的所在区域，直到区域周围无满足条件的像素点存在。

1）种子像素的选取

在图像中心区域，采用图像灰度值 f（x，y）与图像均值 g（x，y）的绝对差值作为种子像素与周围像素高度的相似性条件。当绝对差值为最小时，认为该像素点与周围像素有高度相似性，据此可自动搜寻并准确确定红外图像中目标设备的种子像素。

2）生长准则的改进

以二维 Otsu 阈值（S，T）作为生长准则，即以 S 作为分割阈值，T 作为灰度相似阈值。生长准则表达式如下：

$$\begin{cases}f(x,y)\geqslant S\\f(x,y)-\bar{f}\geqslant -T\end{cases} \tag{7-4}$$

$\bar{f}$ 为种子像素区域的灰度均值。因所选种子像素随图像而异，故为避免因固定均值而导致过分割或欠分割，在完成每次生长后，都须对该值做一次更新：

$$\bar{f}=\frac{K\bar{f}_{old}+f(x,y)}{K+1} \tag{7-5}$$

当种子像素周边不存在满足要求的像素点时，区域停止生长，图像背景分割完毕。

2. 利用像素统计划分变电设备结构区域

在分割出目标设备后，应对设备的结构进行划分、识别，以便采用同类比较、相对温差等判断方法对被检测设备做出精细的诊断。由于电压互感器、电流互感器、避雷器等类柱形设备的外形结构特征明显，反映其外形的像素统计图也存在一定分布规律。故针对此类设备，可求取设备的像素统计，利用极值规律划分结构区域。考虑到图像分割后仍存在与设备连通的纤细导引线、支架等干扰像素统计分布特征的背景，需先对分割后的图像进行预处理。

为消除纤细导引线、支架等干扰，同时保证设备外形特征不被消除，应对分割图像进行形态学开闭运算。开、闭运算的定义式分别为

$$A \circ B = \left(A \Theta B\right) \oplus B \tag{7-6}$$

$$A \bullet B = \left(A \oplus B\right) \Theta B \tag{7-7}$$

当结构元素 B 选取过小时开运算效果不明显，选取过大时会消除设备的外形特征。

对预处理后的设备图像，沿横向方向统计设备的各行像素点数，即求行像素和，由行像素和与其所在行组成像素统计图。设备结构的变化特别是外形的变化，将明显地体现在像素统计图的变化上：在设备不同结构的连接处，该处像素和比其前后的像素和明显要小；在统计图中某一结构的首尾两端对应为第一个及最后一个极大值点或极小值点。由此可划分出设备结构区域。然而，如何在统计图中将设备连接点识别出来是解决此问题的关键。

通过分析，设备红外图像和像素统计图就设备连接点有如下特点：

（1）设备连接点处有明显的极小值点，且该点与相邻极大值点的绝对差值大于各结构内部的绝对差值。

（2）设备外形呈现一定的规律性，采集的红外图像中设备功能主体均位于图像纵向的中部 2/3 范围内。

由上述特点作为依据可方便地将设备连接点识别出。但是，因设备运行状态及拍摄角度不同，与设备顶端连接的粗导线、杆塔等非设备主体并不能完全地被开闭运算消除，为使结构判断不受此影响，有必要将其删除，从而提高计算准确度和速度。

结构识别划分步骤如下：

（1）求取像素矩阵。求图像的行像素和形成像素矩阵 Q，矩阵维度为 $M\times1$。当 Q（i）小于所设阈值 $H1$ 时，可认为第 i 行对应为粗导线、杆塔等设备非主体部分，需将该行像素和值置 0，形成新像素矩阵 Q_1，即

$$\begin{cases} Q_1(i)=Q(i), & \text{if } Q(i)>H_1 \\ Q_1(i)=0, & \text{if } Q(i)\leqslant H_1 \end{cases} \tag{7-8}$$

（2）识别连接点。取矩阵 Q_1 的 $1\sim(5/6)M$ 行，计算其极小值矩阵 $U_{\min}$、极大值矩阵 $U_{\max}$ 和绝对差值矩阵 U，即有

$$U=\left|U_{\max}-U_{\min}\right| \tag{7-9}$$

矩阵 U 中的最大值和次最大值对应矩阵 $U_{\min}$ 的行是设备结构的两个连接点，即设备某结构的两个端点行 i_{11}、i_{12}。

$$\begin{cases} i_{11}=\arg\left\{U_{\min}\left(\max(U)\right)\right\} \\ i_{12}=\arg\left\{U_{\min}\left(\operatorname{submax}(U)\right)\right\} \end{cases} \tag{7-10}$$

计算最大内接矩阵 R_1，即得到设备图像在 i_{11} 至 i_{12} 之间的最大区域。

（3）划分剩余矩阵。i_{11}、i_{12} 将矩阵 Q_1 分割为两个新矩阵，即矩阵 Q_2（$1\sim\min$（i_{11}，i_{12}）行）、矩阵 Q_3（$\max$（i_{11}，i_{12}）$\sim M$ 行），其极小值矩阵和极大值矩阵分别为 $U_{2\min}$、$U_{3\min}$、$U_{2\max}$、$U_{3\max}$。利用矩阵 Q_2、Q_3 中极大值和极小值差对矩阵做进一步的划分。

对矩阵 Q_2，前一极大值与后一极小值的差值为最大时，该处极小值对应的行 i_2 为连接点；对矩阵 Q_3，前一极小值与后一极大值的差值最大时，该处极小值对应的行 i_3 为连接点。

$$i_2=\arg\left\{U_{2\cdot\min}\left(\max\left(U_{2\cdot\max\cdot i}-U_{2\cdot\min\cdot i}\right)\right)\right\} \tag{7-11}$$

$$i_3=\arg\left\{U_{3\cdot\min}\left(\max\left(U_{3\cdot\min\cdot i}-U_{3\cdot\max\cdot i+1}\right)\right)\right\} \tag{7-12}$$

根据 i_2、i_3 将矩阵分割为 $Q_{2\text{-}1}$、$Q_{2\text{-}2}$、$Q_{3\text{-}1}$、$Q_{3\text{-}2}$，由此可得到设备结构的大致定位。

（4）识别结构区域首末端。对矩阵 $Q_{2\text{-}t}$，第 1 处极大值 $Q_{2\text{-}t\cdot\max1}$ 对应的 $i_{2\text{-}i\cdot1}$ 行为结构 $Q_{2\text{-}t}$ 的首端，最后 1 处极小值 $Q_{2\text{-}t\cdot\min1}$ 对应的 $i_{2\text{-}i\cdot2}$ 行为结构 $Q_{2\text{-}t}$ 的末端。

对矩阵 $Q_{3\text{-}t}$，第 1 处极大值 $Q_{3\text{-}t\cdot\max1}$ 对应的 $i_{3\text{-}i\cdot1}$ 行为结构 $Q_{3\text{-}t}$ 的首端，最后 1 处极大值 $Q_{3\text{-}t\cdot\max2}$ 对应的 $i_{3\text{-}i\cdot2}$ 行为结构 $Q_{3\text{-}t}$ 的末端。

（5）无效分割判断。对含有第 1 行和第 M 行的矩阵重复步骤（3）、（4）。当划分的矩阵极大值或极小值个数为 0 或 1，或 $i_{k\text{-}t\cdot2}$ 与 $i_{k\text{-}i\cdot1}$ 差值小于某一阈值 H_2 时，该矩阵为无效分割矩阵，设备结构识别划分完毕。随后计算各划分区域的最大内接矩阵 $R_{k\text{-}t}$。

$$\left\{\left|i_{k-t\cdot2}-i_{k-t\cdot1}\right|<H_2\right\}||\left\{num\left(Q_{k-t\cdot\max}\right)\leqslant1\right\}||\left\{num\left(Q_{k-t\cdot\min}\right)\leqslant1\right\} \quad (7\text{-}13)$$

3. 热故障诊断与定位

对设备进行结构区域划分后，计算各区域的最热点温度 $T_{\text{real}\cdot\text{hot}}$、温差 T_{r} 或相对温差 δ_T 并作为故障诊断依据，确定故障发生的区域。

根据红外测温原理，红外检测设备拍摄的图像是用伪彩色形式表示物体表面温度分布的图，故伪彩色与温度之间存在对应关系。其之间的换算关系需借助中间参数热值，关系式为

$$I=\{[(X-128)R/256]+L\}/(\tau\xi) \quad (7\text{-}14)$$

$$T_{real}=B/\{lg[(A/I_0+1)/C]\}-273.15 \quad (7\text{-}15)$$

式中，I 为红外图像的实际热值；X 为伪彩色值；R 为红外检测设备的热范围；L 为红外检测设备的热平；τ 为透射率；ξ 为物体发射率；T_{real} 为物体实际温度；A、B 为红外检测设备标定曲线常数；对于短波系统，$C=1$。

变电设备热故障判断指标有最热点温度 $T_{\text{real}\cdot\text{hot}}$、温差 T_{r} 或相对温差 δ_T，计算公式为

$$T_{\text{r}}=T_{\text{real}\cdot\text{hot}}-T_{\text{normal}} \quad (7\text{-}16)$$

$$\delta_T = \frac{T_{\text{real}\times\text{hot}} - T_{\text{normal}}}{T_{\text{real}\times\text{hot}} - T_{\text{ref}}} \times 100\% \tag{7-17}$$

式中，T_{normal}是与热点对应的正常点的温度；T_{ref}是被测设备区域的环境温度（气温）。

因不同类型设备的材质、结构及功能不同，故障判断的方法和主要指标亦有所不同。电流致热型设备采用最热点温度 $T_{\text{real}\cdot\text{hot}}$、相对温差$\delta_T$作为主要判断指标，电压致热型设备采用温差 T_{r}作为主要判断指标，综合致热型设备则是结合 3 个指标来综合分析判断。各类设备诊断判据详见 DL/T 644—2016《带电设备红外诊断应用规范》及 GB/T 11022—2011《高压开关设备和控制设备标准的共用技术要求》。

依据变电设备热故障诊断结果，将温度异常的结构区域标志出来，并生成诊断结果报表，为设备运维提供依据。

4. 变电设备热故障诊断实例分析

为验证本文方法的实用性，以图库中某变电站 220 kV 耦合电容器 C 相为例进行实验。红外检测设备为 FLIR 公司的 T630 热像仪，其相关参数为：波长范围为 7.8 ~ 13；热灵敏度为 0.04 °C@30 °C；测量范围为 – 40 °C ~ +150 °C。本文首先利用改进区域生长法分割图像得到设备主体，然后对其进行预处理。

采用基于二维 Otsu 阈值的改进区域生长算法分割图像，图 7-21（a）为电容器热像图，图 7-21（b）为分割后的灰度图。

（a）热像图

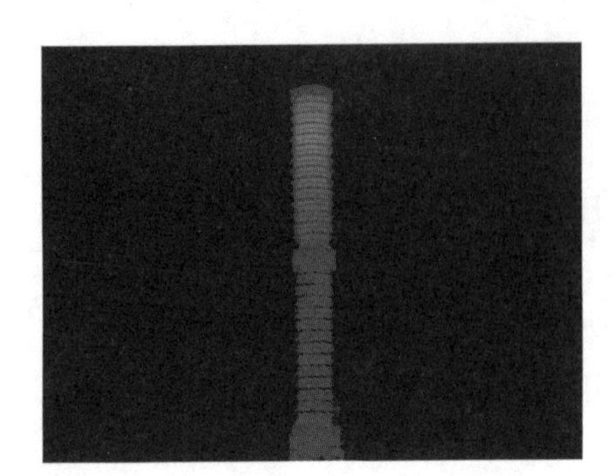

(b) 背景分割后灰度图

(c) 背景分割后预处理图

图 7-21　图像分割及预处理

通过大量的试验，对纤细的导引线、支架等干扰可采用 4×4 的结构元素 B 消除，以达到较为理想的预处理效果。预处理效果如图 7-21（c）所示。

1）连接点识别

计算像素矩阵 Q_1 中 1～（5/6）M 的极小值矩阵 U_{min}、极大值矩阵 U_{max} 和绝对差值矩阵 U，识别连接点所在行。连接点识别如图 7-22 所示，判定矩阵如表 7-4 所示。

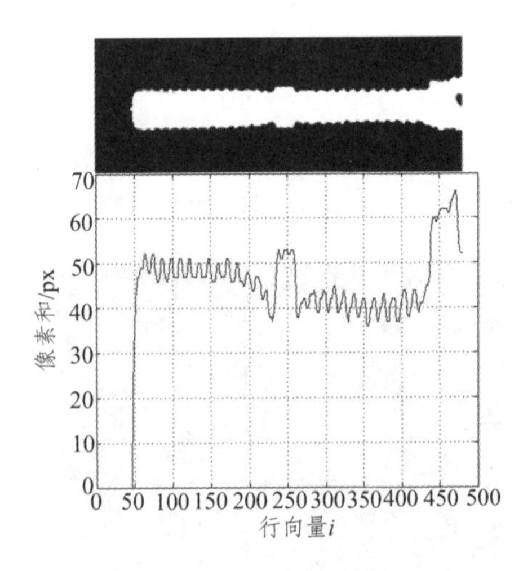

图 7-22　像素统计

表 7-4　设备连接点的判定矩阵

序号	极大值矩阵 U_{max}		极小值矩阵 U_{min}		绝对差值矩阵 U
	像素和	所在行 i	像素和	所在行 i	
1	52	63	48	68	4
2	52	73	46	80	6
3	51	85	46	92	5
4	51	97	47	102	4
5	51	109	47	114	4
6	51	121	47	126	4
7	50	134	47	139	3
8	51	146	46	152	5
9	50	159	47	164	3
10	51	171	46	176	5
11	50	183	45	192	5
12	48	197	44	204	4
13	47	209	42	217	5
14	44	221	37	230	7
15	53	238	51	241	2
16	53	245	52	251	1
17	53	255	38	263	15
18	42	271	40	275	2
19	44	284	39	289	5
20	44	297	39	303	5
21	45	311	39	316	6
22	43	323	37	329	6
23	43	336	38	342	5
24	42	349	36	355	6
25	42	363	37	368	5
26	43	376	37	381	6
27	42	388	37	394	5

由表 7-4 得出，图像第 230 行和第 263 行为电容器的屏蔽罩上下两侧的端点，即为连接点。

2）区域划分

识别出屏蔽罩后，根据前面步骤（5）的判断依据，矩阵 Q_1 可分割为 4 个子矩阵。通过观察大量像素统计图及试验，当矩阵 $Q_{k\text{-}t}$ 设置阈值 H_2 为 0.05length（ ~ Q_1 ）时，可准确判断识别划分的合理性。

根据矩阵的极大值、极小值判定结构的端点，并计算各自的最大内接矩形。各分割矩阵的像素统计如图 7-23 所示，结构识别划分效果如图 7-24 所示。

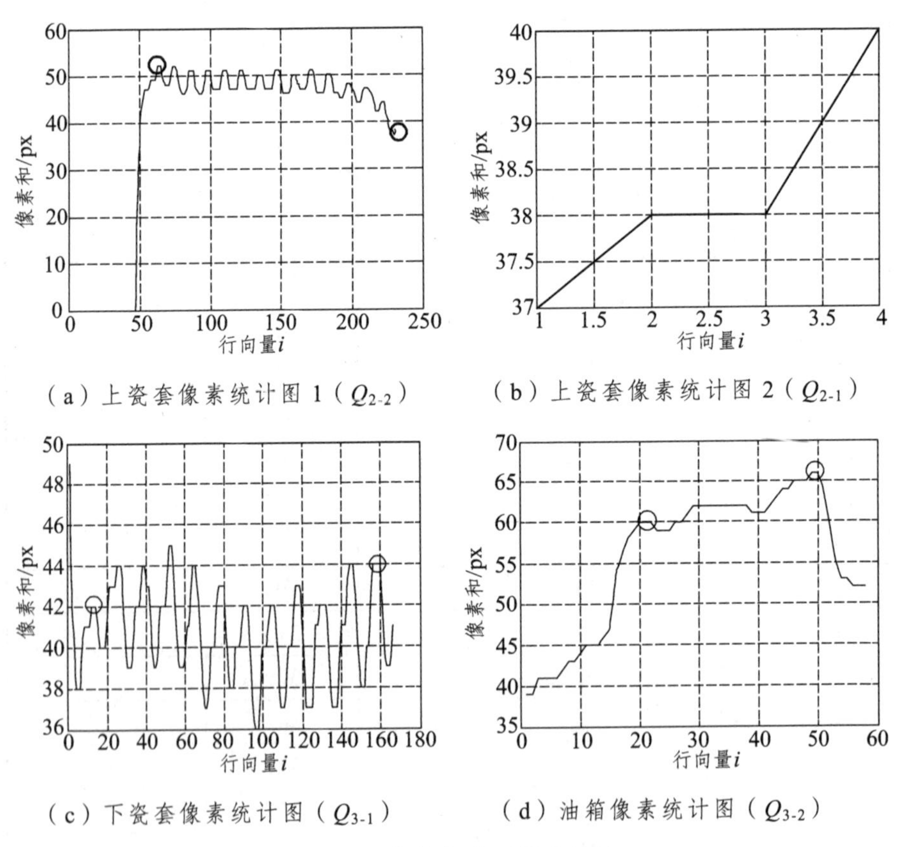

（a）上瓷套像素统计图 1（$Q_{2\text{-}2}$）　（b）上瓷套像素统计图 2（$Q_{2\text{-}1}$）

（c）下瓷套像素统计图（$Q_{3\text{-}1}$）　（d）油箱像素统计图（$Q_{3\text{-}2}$）

图 7-23　各结构分区像素统计

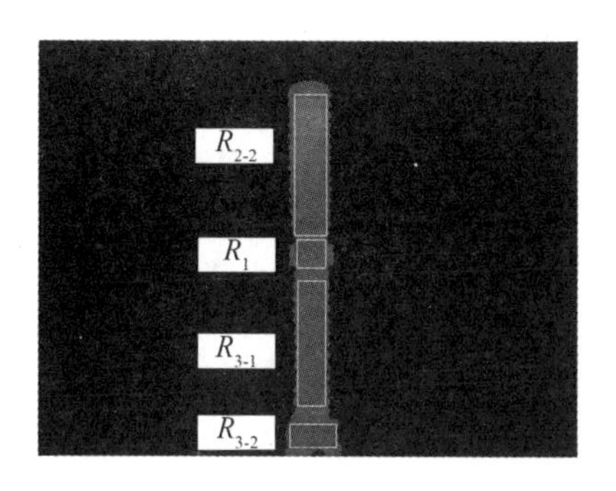

图 7-24　结构识别划分示意

由图 7-23 可知，矩阵 Q_{2-1} 的长度为 4，远小于阈值 H_2，将其舍去，故仅将耦合电容器划分为 4 个结构，这与设备的实际情况是一致的。

将获得的内接矩阵对应至背景分割前的灰度图像中，分别计算各内接矩阵的最热点温度，如表 7-5 所示。

表 7-5　各结构故障诊断结果

区域	热点灰度值	最高温度/ °C	自上而下温差/ °C	热状态
R_{2-2}	145	33.4	—	故障
R_1	92	29.4	4	正常
R_{3-1}	92	29.4	0	正常
R_{3-2}	82	29	0.4	正常

由于耦合电容器属电压致热型设备，诊断判据采用温差值 T_r。依据规范，耦合电容器发热呈现自上而下逐步递减的规律，且当温差大于 2 ~ 3 °C 时为故障状态。表 7-5 中最大温差为 4 °C，设备为故障状态，且故障区域为 R_{2-2}，经对比，此结果与检测人员的诊断结果基本一致。

5. 红外检测图像的批量自动处理

采用.net framework 4.0、C#开发的红外图像智能诊断程序可用于批量处理红外图。该程序为绿色免安装版本，将程序文件夹解压到计算机任意磁盘上并双击“红外智能诊断程序.exe”图标即可运行，程序主界面如图 7-25 所示。

图 7-25　红外智能诊断程序主界面

点击“设置”进入设置界面，如图 7-26 所示。

定时检测：可按设定的时间定时获取指定文件夹的红外图，如有新增则进行批量处理。

接口地址：获取设备信息的接口地址。

检测路径：检测处理红外图的文件夹。

备份路径：处理红外图之前的备份文件夹。

图片路径：处理的红外图保存路径。

自动分析配置：根据设备类型和电压等级进行自动区域划分的配置文件。

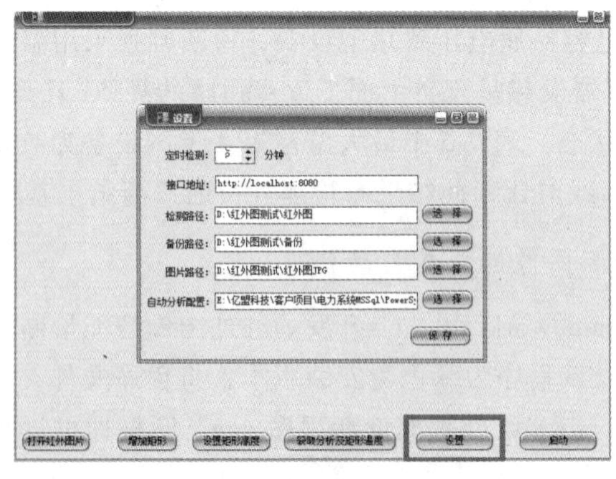

图 7-26　设置页面及内容

点击“启动”，则软件会根据设置的时间定时检测红外图文件夹，如图 7-27 所示。

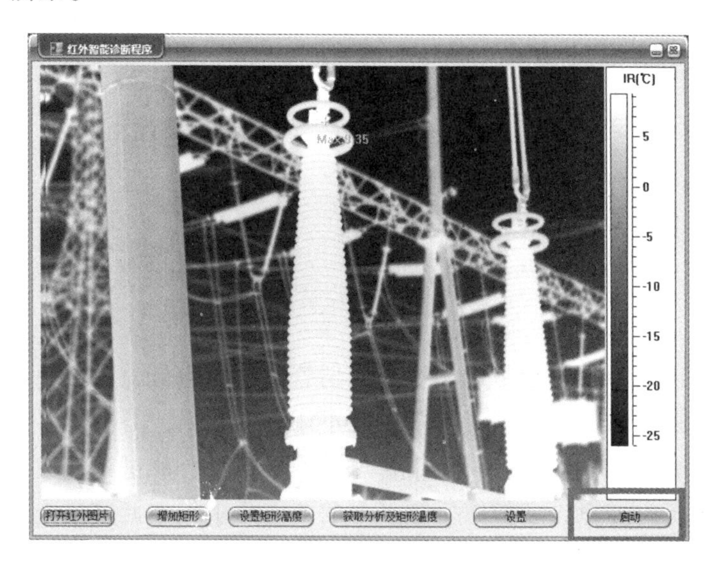

图 7-27　启动处理

除了自动处理以外，“增加矩形”“设置矩形高度”“获取分析及矩形温度”等按钮还保留了手动添加矩形框及人工分析处理的功能，此部分功能同传统红外诊断方法一致，不再赘述。

红外检测智能处理程序可自动对设定文件夹的内容进行监视，有新增加红外图像时可自动读取，按文件名中设备类型和电压等级通过读取事先设定的结构模板对设备进行结构划分，然后自动提取不同部分的结构温度，按导则的判断标准进行自动判断，可有效提高红外检测图像的处理效率。

第 8 章

总　结

本文围绕输变电设备的全寿命周期管理，重点针对输变电设备多维状态数据的分析处理方法，开展了以下工作：

（1）分析了输变电设备健康管理统一数据平台的搭建方案。

梳理了输变电设备健康管理平台的功能需求，在此基础上设计了输变电设备健康管理统一数据平台的系统框架，分析了实现该功能的系统网络拓扑。

（2）开发了输变电设备状态检测终端数据自动上传装置。

拟定了现有检测设备测试数据通过无线传输进行自动上传的方案，拟定了利用 WiFi SD 卡替代传统 SD 卡进行数据存储及传输的方案，开发了具有数据读取与无线传输功能的蓝牙 U 盘，开发了移动数据管理终端及相应的 APP，可实现对现有检测设备测试数据的获取与自动上传。

（3）研究了输变电设备多维状态数据的特征压缩与提取方法。

采用主成分分析、关联分析实现对输变电设备多维状态参数冗余数据的压缩，提取其关键的特征参量，为设备的状态识别和判断提供依据。

（4）研究了输变电设备多元参数的统计评价方法。

分析了输变电设备多元状态参数统计控制图的构造方法，分析了多元 T2 控制图、多元累积和控制图、多元加权指数平方和控制图的构造方法，对不同控制图的检出能力进行了分析，筛选出多元累积和控制图用于变压器运行状态的监测及判断。

（5）研究了输变电设备状态参数的数据预测方法。

研究了输变电设备状态参数的时间序列预测方法，分析了灰色模型、EWMA 模型用于输变电设备状态参数预测的效果，研究了故障隐患阶段设备状态参数的 Logistic 预测方法。

（6）开发了输变电设备健康管理及故障预警云服务平台，开发了针对设备状态评价及故障诊断的高级应用。

针对某省电网实际，开发了具有统一数据管理功能的输变电设备健康管理平台，在其基础上开发了设备状态多元评价及红外图像智能处理的软件，实现对设备状态数据的分析利用。

参考文献

[1] 张东霞，苗新，刘丽平. 智能电网大数据技术发展研究[J]. 中国电机工程学报，2015，35（1）：2-12.

[2] 王德文，宋亚奇，朱永利. 基于云计算的智能电网信息平台[J]. 电力系统自动化，2010，34（22）：7-12.

[3] 刘树仁，宋亚奇，朱永利，等. 基于 Hadoop 的智能电网状态监测数据存储研究[J]. 计算机科学，2013，40（1）：81-84.

[4] 曲朝阳，陈帅，杨帆. 基于云计算技术的电力大数据预处理属性约简方法[J]. 电力系统自动化，2014，38（8）：67-71

[5] IBM. Managing big data for smart grids and smart meters[R/OL]. IBM Software White Paper. http: //www.smartgridnews.com/artman/publish/Business_Strategy/Managing-big-data-for-smart-grids-and-smart-meters-5248. html.

[6] Oracle Utilities. Utilities and big data: A seismic shift is beginning[R]. An Oracle Utilities White. Paper.

[7] EPRI. The whys, whats, and hows of managing data as an asset[R]. USA：EPRI，2014.

[8] 中华人民共和国科学技术部. 国家高技术研究发展计划（863 计划）2015 年度项目申报指南[EB/OL]. http：//program.most.gov.cn/htmledit/639A0448-5482-4F63-42C4-95368125A2F8.html.

[9] 刘道新，胡航海，张健. 大数据全生命周期中关键问题研究及应用[J]. 中国电机工程学报，2014，34（9）：1-6.

[10] 宋亚奇，周国亮，朱永利. 智能电网大数据处理技术现状与挑战[J].

电网技术，2013，37（4）：927-935.
[11] 彭小圣，邓迪元，程时杰. 面向智能电网应用的电力大数据关键技术[J]. 中国电机工程学报，2015，35（3）：503-509.
[12] 赵腾，张焰，张东霞. 智能配电网大数据应用技术与前景分析[J]. 电网技术，2014，38（12）：3305-3312.
[13] 张沛，吴潇雨，和敬涵. 大数据技术在主动配电网中的应用综述[J]. 电力建设，2015，36（1）：52-59.
[14] 周文琼. 大数据环境下的电力客户服务数据分析系统[J]. 计算机系统应用，2015，24（4）：51-57.
[15] 吴凯峰，刘万涛，李彦虎. 基于云计算的电力大数据分析技术与应用[J]. 中国电力，2015，48（2）：111-116.
[16] 曲朝阳，陈帅，杨帆. 基于云计算技术的电力大数据预处理属性约简方法[J]. 电力系统自动化，2014，38（8）：67-71.
[17] 王德文，孙志伟. 电力用户侧大数据分析与并行负荷预测[J]. 中国电机工程学报，2015，35（3）：527-537.
[18] 叶利，彭涛. 面向大数据的电力安全库存预估模型研究[J]. 电力信息与通信技术，2015，13（4）：35-38.
[19] 陈海涛. 电能质量监测海量数据分析研究[D]. 广州：华南理工大学，2013：11.
[20] 白洋. 面向大数据的电力设备状态监测信息聚合研究[D]. 昆明：昆明理工大学，2014：4.
[21] 李志鹏. 基于大数据分析的输电线路管理系统及故障诊断研究[D]. 武汉：湖北工业大学，2015.
[22] KEZUNOVIC M. The Role of Big Data in Improving Power System Operation and Protection. Greece: 2013 IREP Symposium-Bulk Power System Dynamics and Control-IX IREP.Rethymnon，Greece 2013.
[23] 杨廷方，张航，黄立滨，等. 基于改进型主成分分析的电力变压器潜伏性故障诊断[J]. 电力自动化设备，2015，35（6）：149-153.
[24] 严英杰，盛戈皞，王辉，等. 基于高维随机矩阵大数据分析模型的

输变电设备关键性能评估方法[J]. 中国电机工程学报，2016，36（2）：435-445.

[25] 曲朝阳，陈帅，杨帆，等. 基于云计算技术的电力大数据预处理属性约简方法[J]. 电力系统自动化，2014，38（8）：67-71.

[26] 闫志敏. 基于流形学习的数据约简方法研究与应用[D]. 济南：山东师范大学，2012.

[27] 郑含博. 电力变压器状态评估及故障诊断方法研究[D]. 重庆：重庆大学，2012.

[28] 吴奕，朱海兵，周志成，等. 基于熵权模糊物元和主元分析的变压器状态评价[J]. 电力系统保护与控制，2015，43（17）：1-7.

[29] 国家电网公司. 油浸式变压器（电抗器）状态评价导则：Q/GDW 169—2008 [S]. 北京：中国电力出版社，2008.

[30] 蔡伟杰，张晓辉，朱建秋，等. 关联规则挖掘综述[J]. 计算机工程，2001，27（5）：31-33.

[31] 谢龙君，李黎，程勇，等. 融合集对分析和关联规则的变压器故障诊断方法[J]. 中国电机工程学报，2015，35（2）：277-286.

[32] 李胜. 基于关联规则的审计特征智能提取的应用研究[D]. 北京：北京交通大学，2006.

[33] 丁茜. 基于关联规则的变压器故障诊断研究[D]. 保定：华北电力大学，2010.

[34] Xie Q，Zeng H，Ruan L，et al. Transformer fault diagnosis based on bayesian network and rough set reduction theory[C]//Tencon Spring Conference，IEEE，2013: 262-266.

[35] 王学恩，韩崇昭，韩德强，等. 粗糙集研究综述[J]. 控制工程，2013，20（1）：1-8.

[36] 王贺. 基于粗糙集知识约简的电站优化运行研究[D]. 保定：华北电力大学，2014.

[37] 谢潇. 粗糙集属性约简算法在电力市场中的研究及应用[D]. 保定：华北电力大学（保定），2011.

[38] 张友强，寇凌峰，盛万兴，等. 配电变压器运行状态评估的大数据

分析方法[J]. 电网技术，2016，40（3）：768-773.

[39] 何苗忠，王丰华，钱国超，等. 基于. NET 框架的变压器振动噪声综合分析系统设计与开发[J]. 电力系统自动化，2017，41（1）：150-154.

[40] 廖瑞金，王谦，骆思佳，等. 基于模糊综合评判的电力变压器运行状态评估模型[J]. 电力系统自动化，2008，32（3）：70-75.

[41] 王有元，陈璧君. 基于层次分析结构的变压器健康状态与综合寿命评估模型[J]. 电网技术，2014，38（10）：2845-2850.

[42] Tang W H，SPURGEON K，Wu Q H，et al. An evidential reasoning approach to transformer condition assessments[J]. IEEE Transactions on Power Delivery，2004，19（4）：1696-1703.

[43] Huang Y C. Condition assessment of power transformers using genetic-based neural networks[J]. IEE Science，Measurement and Technology，2003，150（1）：19-24.

[44] Zaman M R. Experimental testing of the artificial neural network based protection of power transformers[J]. IEEE Transactions on Power Delivery，1998，13（1）：510-517.

[45] 谢红玲，律方成. 基于信息融合的变压器状态评估方法的研究[J]. 华北电力大学学报，2006，33（2）：8-11.

[46] 李黎，张登，谢龙君，等. 采用关联规则综合分析和变权重系数的电力变压器状态评估方法[J]. 中国电机工程学报，2013（24）：152-159.

[47] 翟博龙，孙鹏，马进，等. 基于可靠度的电力变压器寿命分析[J]. 电网技术，2011，35（5）：127-131.

[48] 熊浩，孙才新，杜鹏，等. 基于物元理论的电力变压器状态综合评估[J]. 重庆大学学报，2006，29（10）：24-28.

[49] 刘美玲. 基于多元统计分析的过程系统故障诊断方法研究[D]. 南京：南京理工大学，2013：5.

[50] 李建林. 多变量统计过程控制技术在火电厂设备故障检测中的应用研究[D]. 南京：东南大学，2006：3.

[51] 张兵. 多元控制图在发动机监控中的应用研究[D]. 天津：中国民航大学，2016：5.

[52] 牛征. 基于多元统计分析的火电厂控制系统故障诊断[D]. 保定：华北电力大学，2006：4.

[53] 王坤，堵劲松，舒芳誉，等. 多元统计控制图在烟支卷制品质控制中的应用[J]. 烟草科技，2015，48（4）：82-89.

[54] Crosier R B. Multivariate generalizations of cumulative sum qualitycontrol schemes[J]. Technometrics，1988，30：291-303.

[55] 黄浩. 灰色理论的 220 kV 变压器故障气体预测模型[D]. 广州：广东工业大学，2014.

[56] 国家能源局. 国家能源局发布 2015 年全社会用电量[DB/OL]. [2016-01-15]. http：//www.nea.gov.cn/2016-01/15/c_135013789.htm.

[57] 刘秀峰. GM1_1 优化模型在变压器油中溶解气体浓度预测的应用的研究[D]. 成都：西华大学，2013.

[58] 叶品勇. 基于油中溶解气体分析的变压器故障预测[D]. 南京：南京理工大学，2007.

[59] 裴子春. 电力变压器故障预测方法的研究[D]. 成都：西华大学，2011.

[60] 张学工. 关于统计学理论与支持向量机[J]. 自动化学报，2000，126（1）：32-41.

[61] 郑元兵，陈伟根，李剑，杜林，孙才新. 基于 BIC 与 SVRM 的变压器油中气体预测模型[J]. 电力自动化设备，2011，31（9）：46-49.

[62] 司马莉萍，舒乃秋，左婧，王波，彭辉. 基于灰关联和模糊支持向量机的变压器油中溶解气体浓度的预测[J]. 电力系统保护与控制，2012，40（19）：41-46.

[63] 刘秀峰，张彼德，邹江平，田源，汪凤，凌晓洲. 基于函数 cos（xα）变换的灰色模型及其在变压器油中气体浓度预测的应用[J]. 西华大学学报，2013，32（2）：79-83.

[64] 陈国平. 电力变压器智能化配置和故障研究[D]. 兰州：兰州理工大学，2012.

[65] 王鹏，许涛. 用统计学习理论预测变压器油中溶解气体浓度[J]. 高电压技术，2003，29（11）： 13-14.

[66] 王晶. 基于灰色理论模型的变压器故障预测[D]. 北京：华北电力大学，2006.

[67] 胡青. 基于电力变压器故障特征气体分层特性的诊断与预测方法研究[D]. 重庆：重庆大学，2010.

[68] 吴想. 变压器状态监测与故障诊断系统研究与实现[D]. 武汉：华中科技大学，2013.

[69] 高骏. 电力变压器故障诊断与状态综合评价研究[D]. 武汉：华中科技大学，2011.

[70] 张利伟. 油浸式电力变压器故障诊断方法研究[D]. 北京：华北电力大学，2014.

[71] 武中利. 电力变压器故障诊断方法研究[D]. 北京：华北电力大学，2013.

[72] 吴宝春. 基于遗传算法和灰色理论的电力变压器故障预测的研究[D]. 吉林：吉林大学，2009.

[73] 高骏，何俊佳. 量子遗传神经网络在变压器油中溶解气体分析中的应用[J]. 中国电机工程学报，2010，30（30）：121-127.

[74] 乔俊玲. 人工神经网络在变压器油中溶解气体分析中的应用研究[D]. 北京：北京交通大学，2007.

[75] 费胜巍，孙宇. 用 SVRM 预测变压器油中溶解气体量[J]. 高电压技术，2007，33（8）：81-84.

[76] 肖燕彩，陈秀海，朱衡君. 基于最小二乘支持向量机的变压器油中气体浓度预测[J]. 电网技术，2006，30（11）：91-94.

[77] 张公永，李伟. 基于灰色最小二乘支持向量机的变压器油溶解气体预测[J]. 电力学报，2012，27（2）：111-114.

[78] 卞建鹏，廖瑞金，杨丽君. 应用弱化缓冲算子与最小二乘支持向量机的变压器油中溶解气体浓度预测[J]. 电网技术，2012，36（2）：195-199.

[79] 王罡，杨海涛，胡伟涛，黄华平，李宁远. 基于改进遗传算法与

LS-SVM 的变压器故障气体预测方法[J]. 高压电器，2010，46(9)：11-18.

[80] 赵文清. 基于数据挖掘的变压器故障诊断和预测研究[D]. 北京：华北电力大学，2009.

[81] 陈勇. GM（1，1）灰色模型的程序实现[J]. 固原师专学报，2005，26（3）：31-33.

[82] 邓聚龙. 灰色系统基本方法[M]. 武汉：华中理工大学出版社，1989：5-264.

[83] 张克宜. 基于改进 GM（1，N）和优化 SVM 组合模型的股票价格预测[D]. 哈尔滨：哈尔滨工业大学，2009.

[84] 郑蕊蕊. 基于灰色系统理论的电力变压器故障诊断技术[D]. 长春：吉林大学，2007.

[85] 赵文清，朱永利，张小奇. 基于改进型灰色理论的变压器油中溶解气体预测模型[J]. 电力自动化设备，2008，28（9）：23-26.

[86] 孙丽萍，杨江天. 基于离散灰色模型的变压器油中溶解气体浓度预测[J]. 电力自动化设备，2006，26（9）：58-60.

[87] 张永公，李伟. 基于灰色最小二乘支持向量机的变压器油中溶解气体预测[J]. 电力学报，2012，27（2）：111-115.

[88] Morais D R，Rolim J G. A Hybrid Tool for Detection of Incipient Faults in Transformers Based on the Dissolved Gas Analysis of Insulating Oil[J].Power Delivery，IEEE Transactions on, 2006，21（2）：673-680.

[89] Xie N M，Yao T X，Liu S F. Multi-variable grey dynamic forecasting model based on complex network [J]. Management Science and Engineering，2009，37（4）：213-219.

[90] 何勇兵. 多变量灰色预测模型在大坝安全监测中的应用[D]. 杭州：浙江大学，2003.

[91] 熊萍萍，党耀国，束慧. MGM（1，m）模型的特性研究[J]. 控制与决策，2012，27（3）：389-393.

[92] 翟军，盛建明，束慧. MGM（1，n）灰色模型及应用[J]. 系统工程

理论与实践，1997，（5）：109-113.

[93] 邓聚龙. 本征性灰色系统的主要方法[J]. 系统工程理论与实践，1986，1：60-65.

[94] 李俊卿，王德艳，雍靖. 基于组合预测模型的变压器油中溶解气体质量浓度的预测[J]. 广东电力，2011，24（9）：19-23.

[95] Miranda V，Castro A R G. Improving the IEC table for transformer failure diagnosis with knowledge extraction from neural networks[J]. Power Delivery，IEEE Transactionson，2005，20（4）：2509-2516.